园林植物配置与建筑造景设计

罗珊珊　毕　斐　胡智华◎著

经济日报出版社

北　京

图书在版编目（ＣＩＰ）数据

园林植物配置与建筑造景设计 / 罗珊珊，毕斐，胡智华著. -- 北京 ：经济日报出版社，2025.3
ISBN 978-7-5196-1457-7

Ⅰ．①园… Ⅱ．①罗… ②毕… ③胡… Ⅲ．①园林植物－配置②园林植物－景观设计－园林设计 Ⅳ．①TU986.2

中国国家版本馆CIP数据核字(2024)第013360号

园林植物配置与建筑造景设计

YUANLIN ZHIWU PEIZHI YU JIANZHU ZAOJING SHEJI

罗珊珊　毕　斐　胡智华　著

出版发行：*经济日报*出版社

地　　址：北京市西城区白纸坊东街 2 号院 6 号楼
邮　　编：100054
经　　销：全国各地新华书店
印　　刷：廊坊市博林印务有限公司
开　　本：710mm×1000mm　1/16
印　　张：12
字　　数：195 千字
版　　次：2025 年 3 月第 1 版
印　　次：2025 年 3 月第 1 次
定　　价：78.00 元

前　言

植物是风景园林以及环境艺术景观设计中最重要的素材之一，在当今的园林景观设计中，越来越重视植物的科学合理配置，这对于提高整个园林环境的景观效果，发挥园林环境的生态效应有着极为重要的作用。植物景观设计不同于山石、水体、建筑景观的构建，其区别于其他要素的根本特征是它的生命特征，这也是它的魅力所在。在实践中，必须根据植物生物科学的基本理论，因地制宜、适地适树，只有以植物的健康生长为基础，才能充分发挥其自然美的特性。

本书主要以园林植物配置与建筑造景设计为研究对象，从园林植物的概念、分类及生长发育规律入手，分别介绍了园林植物景观配置的形式、园林植物景观设计的基础、公园绿地造景设计、小型与大中型建筑造景设计等。本书可作为从事园林和建筑相关工作人员的参考书。

写作本书过程中，作者参考和借鉴了一些知名学者和专家的观点及论著，在此向他们表示深深的感谢。由于水平和时间所限，书中难免会出现不足之处，希望各位读者和专家能够提出宝贵意见，以待进一步修改，使之更加完善。

罗珊珊　毕　斐　胡智华

2024 年 9 月

目　录

第一章 园林植物概述

第一节 园林植物的概念

植物是全球生物多样性的核心组成部分，是人类及其他生物赖以生存的基础，也是社会经济可持续发展的重要基础资源。

一、相关概念及其内涵

园林植物是一切适用于园林绿化美化（从室内植物装饰到风景名胜区绿化）的植物材料的统称，既包括木本植物（传统习惯称之为园林树木或观赏树木），也包括草本植物（传统习惯称之为花卉）；既有观花植物，也有观叶、观果及观树姿等植物，以及适用于园林绿化和风景名胜区的若干保护植物（环境植物）和经济植物。

在园林设计中，园林植物、园林建筑、山石以及水体共同构成了四大核心要素。然而，园林植物在其中扮演着尤为独特的角色。它们不仅是园林美感的构建者，具备美化与装饰的功能，还是优质环境的营造者，发挥着无可比拟的生态环境效益。因此，园林植物成为了园林的支撑框架和基础素材，其应用范围极为广泛。

二、园林植物与人类生活的关系

当今世界，随着现代科技的发展，人类改造自然的活动不断增多，人们的生活水平在不断地提高。但是，由于盲目开垦，过度放牧，放纵排污，人口的剧增，导致环境质量不断下降，特别是生活在大都市的人们，因远离绿色，对城市环境的喧嚣和拥挤日感不安。于是人们渴望回归大自然，渴望与绿色植物相伴。

园林植物是环境绿化的主体，它在人类生活中起着非常重要的作用。

（一）园林植物具有改善和保护环境的作用

园林植物广泛应用于城乡绿化和各类绿地建设中，具有不可替代的环境效益。

1. 调节温度和空气湿度

植物通过叶片阻隔、树冠吸收、散射和反射等作用，阻挡 80%～90% 阳光的热辐射；通过叶片的蒸腾作用可消耗空气中大量的热能。据测定，绿色植物在夏季能吸收 60%～80% 的日光能，阻挡 90% 的辐射能，使树荫下的气温比裸露地气温低 3℃ 左右，比沥青路面低 8～20℃；有立体绿化的墙面比没有绿化的墙面低 5℃ 左右。

一般地，人体感觉最舒适的温度是 24℃，空气相对湿度是 70%，风速是 2m/s。上海市园林植物科研所测定表明，树木增湿一般为 4%～30%。植物根系从土壤中吸收的水分，绝大多数通过蒸腾作用散失到空气中。据研究，一棵中等大小的杨树在夏季的白天，每小时可由叶片蒸腾水分 25kg，每天的蒸腾量可达 600kg 之多。

2. 净化空气

人类活动可污染环境中的大气，使大气中的尘埃、有害细菌、有毒气体等增多，危害人们身体健康。

园林植物可以通过降低风速，沉降尘埃，或通过叶面的柔毛及粗糙表面的吸附作用，或通过叶表分泌的油脂或黏液，带走尘埃。据报道，绿地中的含尘量比街道少 1/3～2/3。

另外，植物通过枝叶的吸附作用，或过滤作用，或分泌的化学物质的杀菌作用，减少空气中的有害微生物。据分析，桉树的挥发物可杀死结核菌和肺炎病菌。一些植物的叶片可吸收大气中的有毒气体。

一般情况下，空气中负离子含量为每平方厘米数千个，受污染城市只有 600 个，严重污染地区只有 100～200 个。植物能通过光合作用的光电效应增加空气中负离子的含量。

3. 降低噪声

所谓噪声是指一切对人们生活和工作有妨碍的声音。一般来说，40dB 以上的声音就会干扰人们的休息，60dB 以上的声音会干扰人们的工作，90～100dB 就会引起人们心跳加快、心律不齐、血压升高、冠心病和动脉硬化等神经官能症，如果长期处于这种环境中还会使人的听力受到损伤。据生态学家测试，40 米宽的林带可使噪声降低 10～15dB，30 米宽的林带降低 6～8dB，10～14 米宽的林带降低 4～5dB。在城市街道上种植树木，如珊瑚树、杨树、桂花树等，也能使噪声下降。例如，在 20 米宽的马路上栽植这些树木各一行，可降低噪声 5～7dB。圆柏、龙柏、水杉、云杉、鹅掌楸、樟树、海桐、桂花、臭椿等树木对降低噪声同样具有较好效果。这些树木通过枝叶的反射、吸收和消散作用，有效地减弱了噪声的传播。

（二）园林植物可以提升一个地区的文化品位，具有教育作用

园林植物在发展文化教育方面的作用主要表现在以下两个方面。

1. 丰富语言文化

一些文化名人对园林植物吟诗作词，丰富了当地文化，提高了人民的审美观和道德情操。历代文人对"梅、兰、竹、菊"四君子，"松、竹、梅"岁寒三友以及出淤泥而不染的荷花等都写下了许多千古流传的诗词和散文。

2. 成为一个地区或单位的标志

植物的生长发育有它的生态适应性。因此，一些园林植物成了一个国家，或一个地区、一个城市，甚至一个单位的标志。如广州以红棉、香港以紫荆花、澳门以莲花、桂林以桂花作为城市标志，这些标志已广为人知。

（三）园林植物可以美化生活，具有欣赏价值

园林植物能起到美化生活环境的作用，这是因为园林植物能给人以美的享受。园林植物的美不仅在于其色彩、姿态和风韵，同时还因光照、温度等环境条件的影响，使其朝夕不同，四时各异。

1. 色彩美

植物的色彩给人的美感是最直接、最强烈的。例如，红色使人激动、令人兴奋、催人向上；黄色象征智慧和权力；而绿色则是生命、自由、和平与安静之色，给人充实与希望之感。植物的色彩包括花、叶、果实与枝干四个部分。

（1）花色

不同种类或同一种类的不同品种以及同一品种的不同时期，花色均有不同。按植物开花的颜色可将其分为红、黄、白、紫色等。常见的红色花有桃花、玫

瑰、一串红等；黄色花有迎春、连翘、万寿菊等；白色花有广玉兰、马蹄莲、荷花等；紫色花有紫荆、紫薇、紫藤等。

（2）叶色

叶的色彩以绿色为主。植物刚抽出的新芽是嫩绿的，随季节变化由浅入深，由淡转浓。特别是枫树类，夏末秋初叶片逐渐变红，层林尽染，景色壮丽。叶色可分为浅绿（刺槐）、黄绿（黄金侧柏）、深绿（松），以及赤绿、褐绿、茶绿等。除此以外，还有一些彩叶类，如变叶木、彩叶芋、银边八仙花等都具有很高的观赏价值。

（3）果色

果实也具有很高的观赏价值，特别是万花凋零时，万绿丛中点缀着红色或黄色的果实，既有极佳的景观效果，又给人以收获的喜悦。常见的果实颜色有红、黄、蓝紫等色。如红果的枸杞、山楂，黄果的金橘、银杏，蓝紫果的葡萄、紫珠，等等。

（4）干色

枝干多为褐色，不同种类的植物干色也不同。有灰白、绿、紫褐等色，如白皮松、白桦为白色，梧桐为绿色，等等。

2. 香味美

香味给人的感觉并不像色彩那样直接，却能使人产生如痴如醉的美感。如梅花的暗香、兰花的幽香、含笑的浓香和茉莉花的馨香等，都能给人带来不同的美感。特别是有些植物的花，如玫瑰、茉莉、桂花、玉兰等还能制成饮料和食品，能给人别具一格的味觉美。

3. 形态美

植物的形态主要表现在树冠、枝干、叶、花果等部分。

树冠的形态有圆球形（栾树）、圆锥形（雪松）、尖塔形（塔柏）、伞形（合欢）、下垂形（垂柳）、匍匐形（偃柏）等。

主干一般较直立，给人以雄伟之感；枝条一般是直伸斜出的，也有弯曲下垂的，如照水梅、垂柳，给人轻柔飘逸之感。

叶片形状可以说是千变万化的。从大小看，大的长 20m 以上，小的仅有几毫米；从形状看，有披针形、针形、线形、心脏形、卵形、椭圆形、马褂形、菱形、龟背形、鱼尾形等。奇特或较大的叶形往往具有较高的观赏价值，如龟背竹、鱼尾葵等。

花形、果形更为奇特。如珙桐的花，黄色球形的花序像鸽子头，还有乳白色大苞片，仿佛鸽翅。盛花时节，山风吹来，宛如鸽群振翅，美妙之极。还有鹤望兰的花序似仙鹤的头、拖鞋兰的花瓣像拖鞋、佛手的果实像手等，都十分奇特美丽。

除此之外，还有些树木的老根也具有独特的观赏价值。如榕树的气生根，大量气根从树上垂落扎根于地下，给人独木成林的感觉。

4. 风韵美

风韵美指花的风度、气质和特性。人们欣赏的色、香、形只是花的自然美，是外部条件引起赏花者对花的美感。而花韵则是人们对色、香、形的综合感受，并由此引发的各种遐想。

三、园林植物栽培应用主要研究与实践

从城市园林绿化建设发展的趋势来看，城市绿化将向着生物多样性方向发展，人工植物群落的设计将更加尊重自然，将在人居环境中营建更丰富的园林植物景观。因此，园林植物的培育与应用研究将受到广泛的重视，其研究与实践主要集中在以下方面。

（一）植物生理生态研究

主要是研究城市环境中各种因素（包括微量元素缺乏、城市土壤特殊性、空气、水体以及城市土壤环境污染等）条件对园林植物生长的影响及改良措施。

（二）城市建设对植物的影响及植物的安全管理

城市基础设施的建设都或多或少会破坏植物地上部分或根系的生长环境，甚至为了施工方便，人为对植物进行修剪或无意识的破坏，有的直接损伤根系。

（三）城市园林植物的选择、抚育措施及植物对城市各类设施的影响与预防

由于城市环境的特殊性，第一，应研究植物的适应性和适宜性，重点在于以下几个方面：①地带性植物、乡土植物、地域性植物的挖掘和运用；②新优植物的培育、引种和应用；③珍稀濒危植物的保护和利用；④低碳植物的开发和利用。第二，必须研究园林植物在城市中的应用方式及在城市各种特殊环境中的抚

育措施，包括近自然园林植物的配置方式、植物的修剪、整形技术、病虫害综合防治技术（环境友好型农药施用技术和生物防治技术）、科学合理施肥和浇水等管理技术。第三，植物的生长也会对城市地下管网设施和城市建筑造成损坏或破坏，因此有必要研究预防及补救措施。

第二节　园林植物的分类

一、植物分类学术语

（一）分类等级

植物分类学采用的分类单位呈等级递减顺序排列，分别是：界、门、纲、目、科、属、种。若因为种类繁多，各级单位不能完全涵盖其特征或系统关系，则可根据需要再设立亚等级，如亚门、亚科、亚属等。有时科以下除了亚科，还包含族和亚族等；属以下除了亚属，还有组和系各等级；种以下，也可细分为亚种、变种和变型等。

以园林绿化中常用树种广玉兰（荷花玉兰）为例，将其在分类系统中的地位排列如下。

界：植物界

门：被子植物门

亚门：被子植物亚门

纲：双子叶植物纲

目：木兰目

科：木兰科

属：木兰属

种：荷花玉兰

（二）种、亚种、变种与变型、栽培品种

种，即物种，是生物分类的基本单位。种起源于共同祖先，具有极为相似的形态和生理特征，能自然交配产生可育后代，并具有一定自然分布区的生物群体。

在种的分类单位下，还有一些补充的次级分类单位，如亚种、变种、变型和

栽培品种等。亚种一般指在形态上有较大差异，且有较大范围的地带性分布区域的种内比较稳定变异的类群；变种也是种内变异类型，虽然在形态上有较大差异，但却没有明显的地带性分布，如毛叶槐是槐树的变种。

变型是有形态变异，分布没有规律，零星分布的个体。变型为形态或个别形状变异较小的类型，如碧桃是原变种桃的一个变型，花重瓣；羽衣甘蓝为甘蓝的一个变型，其叶不结球，常带彩色，叶面皱缩，观赏用。

栽培变种，即品种，是人类在生产实践中，经过人工选择培育而成的，它们具有某些生物学特性，如丰产、抗逆等性状，并非野生植物。

二、植物的命名法规

植物的同物异名与同名异物现象，造成了利用和交流上的很大困难。因此给每一种植物制定统一使用的名称是很有必要的。

(一) 双名法

双名法要求一个种的学名必须使用两个拉丁词或拉丁化的词组成。第一个词称为属名，即该种植物所隶属的分类单位；第二个词是种加词，通常是一个反映该植物特征的拉丁文形容词，用以形容植物的外部特征、颜色、气味、用途和生境等。同时，一个完整的学名还要在双名之后添加命名人的姓名或姓名缩写。即双名法书写的植物学名由三部分组成，若没有特别需要，可省略命名人变成两部分，其完整内容和书写格式如下：

属名（斜体，首字母大写）＋ 种加词（斜体，全部字母小写）＋ 命名人（正体，首字母大写）

(二) 国际植物命名法规

国际植物命名法规是各国植物分类学者共同遵循的规则，现将其要点简述如下：

1. 模式方法

不同分类群的名称是建立在模式方法基础上的，即一个类群的特定代表作为该类群命名的依据。这个"特定代表"被称为命名模式。模式不一定是类群中最典型的成员，只是标定了某一特殊分类单元的名称并且两者永久依附。模式可以是正确名称也可以是异名。

科或科级以下的分类群名称，都是命名模式决定的。命名模式要求新科的命名指明模式属，新属的命名指明模式种，种和种级以下的分类群命名必须有模式标本作为依据。模式标本需保存在已知的标本馆并注明采集地、采集人名字和采集号等，且必须永久保存。模式标本有以下几种。

（1）主模式标本

主模式标本是指由命名人制定的、用作新种命名、描述和绘图的那一份标本。

（2）等模式标本

等模式标本是与主模式标本同一号码的复份标本，由同一人在同一时间同一地点采集的标本，通常采集编号也是相同的。

（3）合模式标本

当命名人未指定模式标本时，却引证了两个以上的标本或指定两个以上的模式标本，其中任何一份都可称为合模式标本或等值模式标本。

（4）选模式标本

当命名人未指定主模式标本或主模式标本已遗失或损坏，后人根据原始资料，从等模式、合模式、副模式、新模式或原产地模式标本中选定一份命名，作为命名模式，称为选模式标本。

（5）副模式标本

当两个或多个标本同时被指定为模式标本时，命名人在原始描述中所引证的除主模式、等模式之外的标本称为副模式标本。

（6）新模式标本

当主模式、等模式、合模式和副模式标本均有错误、损坏或遗失时，根据原始资料从其他标本中重新选定出来一份作为命名模式的标本，称为新模式标本。

（7）原产地模式标本

当得不到植物的标本时，根据记载去该植物的模式标本产地采集同种植物的标本，选出一份代替模式标本，称为原产地模式标本。

2. 名称发表

一个分类群的名称在第一次发表时，必须满足一定的要求才能称为一个合法的正确的名称。植物学名有效发表的条件是：①遵照名称形成的有关法规（国际植物命名法规）；②附有拉丁文特征摘要；③应指定一种模式；④明确指出它所隶属的分类等级；⑤有效发表。发表以印刷品的形式发行才能称为有效发表，发表的作品可以通过出售、交换或者赠予公众，或者至少要到达公共图书馆或一般植物学家能去的科研机构的图书馆。这样才能使得植物的学名有效发表。

3. 优先律

优先律是国际上生物命名的一条原则。一个生物分类单元的有效名称应是符合"国际动（植）物命名法规"规定的最早的可用名称。

在生物系统分类描记过程中，某一分类单元常被命名为不同的学名，形成大量的同物异名，十分紊乱。根据优先律仅其中符合命名法规最早刊布的一个可用名称是其有效名称，即 Cyrtospirifer，消除了生物分类命名中的这种重复、紊乱现象。

4. 名称改变

某个熟悉而又经常被引用的植物，其名称的改变要严格依据国际植物模拟更名法规中的规则。一般情况下，名称的改变主要原因有以下三种：

（1）命名上的改变，即依据国际植物命名法规，发现所用的名称是不正确的；

（2）分类学上的改变，即由于分类学的观点不同而改变，如分类群的合并、分开或转移；

（3）由于发现某个分类群曾错误地启用了另一分类群的名称，因而需要改变。

5. 名称废弃

凡符合命名法规所发表的植物名称，不能随意予以废弃和变更。但有下列情形之一者，不在此限。

（1）同属于一分类群而早已有正确名称，以后所作多余的发表者，在命名上是个多余名（superfluousname），应予废弃。

（2）同属于一分类群并早已有正确名称，以后由另一学者发表相同的名称，此名称为晚出同名（laterhomonym），必须予以废弃。

（3）将已废弃的属名采用作种加词时，此名必须废弃。

（4）在同一属内的两个次级区分或在同一种内的两个种下分类群具有相同的名称，即使它们基于不同模式，又非同一等级，也是不合法的，要作为同名处理。

6. 杂种

杂种的命名通过使用"×"或者在表明该分类群等级的术语前加前缀"notho-"来表示杂种状态，主要的等级是杂交属或者杂交种。

三、被子植物主要分类系统

（一）恩格勒系统

恩格勒系统是德国植物学家恩格勒（A. Engler）和勃兰特（K. Prantl）在其巨著《植物自然分科志》中所使用的植物分类系统。该分类系统提供了属级水平以上的分类和描述，并综合了形态、解剖以及地理分布等信息。在此分类系统中，植物界被分为 13 门：前 11 门为无节植物门；第 12 门为无管有胚植物门（无花粉管，有胚），包含苔藓植物和蕨类植物；第 13 门是有管有胚植物门（有花粉管，有胚），包括种子植物。

恩格勒系统较为稳定、实用，因此许多国家及我国北方多采用该系统。《中国树木分类学》《中国高等植物图鉴》以及《中国植物志》等均采用该系统。

（二）哈钦松系统

英国植物学家哈钦松（J. Hutchinson）在其著作《有花植物科志》中提出被子植物分类系统，该系统仅涉及有花植物，包含被子植物门和裸子植物门，双子叶植物有 82 目 342 科，单子叶植物有 29 目 69 科，合计 111 目 411 科。

哈钦松系统认为花的演化规律是：花由两性到单性；由虫媒到风媒；由双被花到单被花或无被花；由雄蕊多数且分离到定数且合生；由心皮多数且分离到定数且合生。我国南方，如广东、云南的标本室和书籍均采用该系统。

此外，较为著名的分类系统还有塔赫他间（Takhtajan）系统、克朗奎斯特（Cronquist）系统、佐恩（F. Thorne）系统等。

第三节　园林植物生长发育规律

园林植物不仅是风景园林中最重要的具有生命活力的景观要素，同时还具有深厚的文化内涵，成为人类精神文明的载体和人类宜居环境建设中不可缺少的重要内容。因此有必要了解园林植物器官的结构与功能及其生长发育规律；认识园林植物的生命周期、年生长发育周期；充分理解园林植物群体形成及其演化规律。这样在将来利用园林植物造景时才能做到根据园林植物的特点"师法自然"，从而实现园林景观"景面文心"的功能。

一、园林植物器官及其生长发育

（一）根系及其生长发育

根系是植物个体地下部分所有根的总体。按根系的形态和分布状况，可分为直根系和须根系两类。大部分双子叶植物和裸子叶植物的根系为直根系，如刺槐、华山松等；大部分单子叶植物的根系属于须根系，如棕榈、麦冬等。另外，由营养繁殖而来的植物，它的根系由不定根组成，虽然没有真正的主根，但其中的一、二条不定根往往发育粗壮，外表上类似主根，具有直根系的形态，习惯上把这种根系看成是直根系。

1. 根系在土壤中的分布

在自然条件下，根系的深度和扩展范围往往是树冠的高度和扩展范围的 5～10 倍。其深度和扩展范围因植物的种类、生长发育状态、环境条件、人为影响等因素不同而有差异，一般可分为深根性和浅根性两类。

（1）深根性

根系主根发达，垂直向下生长，整个根系分布在较深的土层中。如马尾松一年生苗主根长达 20～30cm，成年后主根可深达 5m 以上。这种具有深根系的树种，称为深根性树种。

（2）浅根性

主根不发达，侧根或不定根向四周发展，根系大部分在土壤的上层。如悬铃木的根系一般分布在 20～30cm 的土壤表层中。这种具有浅根系的树种，称为浅根性树种。

根系的深浅不但取决于植物的遗传性，也取决于外界条件，特别是土壤条件。长期生长在河流两岸或低湿地区的树种，如垂柳、枫杨等，由于在土壤表层中就能获得充足的水分，因而形成浅根性根系。生长在干旱或沙漠地区的树种，如马尾松、骆驼刺等，长期适应吸收土壤深层的水分，一般发育成深根性根系。同一植物，生长在地下水位较低、土壤肥沃、排水和通气良好的地区，根系分布于较深土壤。反之，则分布在较浅土壤。此外，人为影响和树龄等也会影响根系在土壤中的分布状况。

2. 根系的生长及其影响因素

根系是树木重要的营养器官，全部根系的重量占植株体总重量的 25%～30%，它是树木在进化过程中为适应陆地生活而发展起来的。树木根系没有自然休眠期，只要条件合适，就可全年生长或随时可由停顿状态迅速过渡到生长状态。其生长势的强弱和生长量的大小，随土壤的温度、水分、通气与树体内营养状况以及其他器官的生长状况而异。

（1）土壤温度

树种不同，开始发根所需要的土温很不一致；一般原产温带寒地的落叶树木所需温度低；而热带亚热带树种所需温度较高。根的生长都有最适合的上、下限温度。温度过高或过低对根系生长都不利，甚至造成伤害。由于土壤不同深度的土温随季节而变化，所以分布在不同土层中的根系活动也不同。以中国中部地区为例，早春土壤化冻后，地表 30cm 以内的土温上升较快，温度也适宜，表层根系活动较强烈；夏季表层土温度过高，30cm 以下土层温度较适合，中层根系较活跃。90cm 以下土层，周年温度变化小，根系往往常年都能生长，所以冬季根的活动以下层为主。

（2）土壤湿度

土壤含水量达最大持水量的 60%～80%时，最适宜根系生长，土壤过干易导致根木栓化和发生自疏；过湿则抑制根的呼吸作用，造成生长停止或腐烂死亡。可见选栽树木要根据其喜干、喜湿程度，正确进行灌水和排水。

（3）土壤通气

通气良好的根系密度大，分枝多，须根量大。通气不良处发根少，生长慢或停止，易引起树木生长不良和早衰。城市由于铺装路面多、市政工程施工夯实以及人流践踏频繁，使得土壤紧实，进而影响根系的穿透和发展；内外气体不易交换，引起有害气体（二氧化碳）的累积中毒，影响菌根繁衍和树木的吸收。同时，土壤水分过多会影响土壤通气，从而影响根系生长。

（4）土壤营养

在一般土壤条件下，其养分状况不至于使根系处于完全不能生长的程度，所以土壤营养一般不能成为限制因素，但可影响根系的质量，如发达程度、细根密度、生长时间的长短。根有趋肥性。有机肥有利于树木发生吸收根；适当施无机肥对根的生长有好处。如施氮肥通过叶的光合作用能增加有机营养及生长激素来促进发根；磷和微量元素（硼、锰等）对根的生长都有良好的影响。但在土壤通气不良的条件下，有些元素会转变成有害的离子（如铁、锰会被还原为二价的铁离子和锰离子，提高了土壤溶液的浓度）使根受害。

（5）树体有机养分

根的生长与执行其功能依赖于地上部所供应的碳水化合物。土壤条件好时，根的总量取决于树体有机养分的多少。叶受害或结实过多，根的生长就受阻碍，即使施肥，作用也不大；需保叶或通过疏果等方式来改善这种状况。

此外，土壤类型、厚度及地下水位高低等，与根系的生长和分布都有密切关系。

（二）茎与枝条及其生长发育

1. 树木的枝芽特性

芽是多年生植物为适应不良环境和延续生命活动而形成的重要结构。它是枝、叶、花的原始体，与种子有相类似的特点。所以芽是树木生长、开花结实、更新复壮、保持母株性状和营养繁殖的基础。

（1）芽的异质性

芽形成时，由于枝叶生长时的内部营养状况和外界环境条件的不同，使得处在同一枝上不同部位的芽存在着大小、饱满程度等差异的现象，称为"芽的异质性"。枝条基部的芽，多在展雏叶时形成。这一时期，因叶面积小、气温低，故芽瘦小，常称为隐芽。其后，叶面积增大，气温升高，光合效率高，芽的发育状况得到改善；到枝条缓慢生长期后，叶片光合和累积养分多，能形成充实的饱满芽。有些树木（如苹果、梨等）的长枝有春、秋梢，即一次枝春季生长后，于夏季停长，秋季温湿度适宜时，顶芽又萌发成秋梢。秋梢常组织不充实，在冬寒地易受冻害。如果长枝生长延迟至秋后，由于气温降低，梢端往往不能形成新芽。

（2）芽的早熟性与晚熟性

已形成的芽，需经一定的低温时期来解除休眠，到第二春才能萌发的芽，叫作晚熟性芽。有些树木在生长季早期形成的芽，于当年就能萌发（如桃等，有的多达2~4次梢），具有这种特性的芽，叫早熟性芽。这类树木当年即可形成小树的形态。其中也有些树木，芽虽具早熟性，但不受刺激一般不萌发，而当受病虫害等自然伤害和人为修剪、摘叶等刺激时才会萌发。

（3）萌芽力和成枝力

各种树木与品种叶芽的萌发能力不同。有些较强，如松属的许多种、紫薇、小叶女贞、桃等；有些较弱，如梧桐、栀子花、核桃、苹果和梨的某些品种等。母枝上芽的萌发能力，叫萌芽力，常用萌发数占该枝条总数的百分率来表示，所以又称萌发率。枝条上部叶芽萌发后，并不是全部都抽成长枝。母枝上的芽能抽发生长枝的能力，叫成枝力。

（4）芽的潜伏力

树木枝条基部芽或上部的某些副芽，在一般情况下不萌发而呈潜伏状态。当枝条受到某种刺激（上部或近旁受损，失去部分枝叶）或冠外围枝处于衰弱时，能由潜伏芽发生新梢的能力，称为芽的潜伏力，也称为芽的寿命。芽的潜伏力强弱与树木地上部能否更新复壮有关。有些树种芽的潜伏力弱，如桃的隐芽，越冬后潜伏一年多，多数就失去萌发力，仅个别的隐芽能维持 10 年以上，因此不利于更新复壮，即使萌发，何处萌枝也难以预料。而仁果类果树、柑橘、杨梅、板栗、核桃、柿子、梅、银杏、槐等树种，其芽的潜伏力则较强或很强，有利于树冠更新复壮。

2. 茎枝的生长

树木的芽萌发后形成茎枝，茎以及由它长成的各级枝、干是组成树冠的基本部分，茎枝是长叶和开花结果的部位，也是扩大树冠的基本器官。

（1）茎枝的生长类型

茎枝的生长方向与根系相反，大多表现出背地性。按园林树木茎枝的伸展方向和形态，大致可分为以下四种生长类型。

①直立型

茎干有明显的背地性，垂直地面，枝直立或斜生，多数树木都是如此。在直立茎的树木中，也有一些变异类型，按枝的伸展方向可分为垂直型、斜生型、水平型和扭旋型等。

②下垂型

这类树种的枝条生长有十分明显的向地性，当萌芽呈水平或斜向生出之后，随着枝条的生长而逐渐向下弯曲。此类树种容易形成伞形树冠，如垂柳、龙爪槐等。有时也把下垂生长类型作为直立生长类型的一种变异类型。

③攀缘型

茎细长而柔软，自身不能直立，但能缠绕或具有适应攀附他物的器官，借助他物支撑向上生长。在园林中，常把具有缠绕茎和攀缘茎的木本植物统称为木质藤本，简称藤木，如紫藤、葡萄、地锦类、凌霄类、蔷薇类。

④匍匐型

茎蔓细长，自身不能直立，又无攀附器官的藤本或直立主干的灌木，常匍匐于地面生长。在热带雨林中，有些藤如绳索状趴伏地面或呈不规则的小球状匍匐地面。匍匐灌木如偃柏、铺地柏等。攀缘藤木在无他物可攀时，也只能匍匐于地面生长，这种生长类型的树木，在园林中常作地被植物。

（2）枝干的生长特性

枝干的生长包括加长生长和加粗生长，生长的快慢用一定时间内增加的长度和宽度，即生长量来表示。生长量的大小及其变化，是衡量树木生长势强弱和生长动态变化规律的重要指标。

①加长生长

随着芽的萌动，树木的枝、干也开始了一年的生长。加长生长主要是枝、茎尖端生长点的向前延伸，生长点以下各节一旦形成，节间长度就基本固定。

树木在生长季的不同时期抽生的枝质量不同，枝梢生长初期和后期抽生的枝一般节间短、芽瘦小；枝梢旺盛生长期抽生的枝，不但长而粗壮，营养丰富，而且芽健壮饱满。枝梢旺盛生长期树木对水、肥需求量大，应加强抚育管理。

②加粗生长

树木枝、干的加粗生长是形成层细胞分裂、分化、增大的结果。加粗生长比加长生长稍晚，其停止也略晚；在同一植株上新梢形成层活动自上而下逐渐停止，所以下部枝干停止加粗生长比上部稍晚，并以根茎结束最晚。因此，落叶树种形成层的开始活动稍晚于萌发，同时离新梢较远的树冠底部的枝条，形成层细胞开始分裂的时期也较晚。新梢生长越旺盛，则形成层活动越强烈，时间越长。秋季由于叶片积累大量光合产物，枝干明显加粗。

（三）叶和叶幕的形成

叶是进行光合作用制造有机养分的主要器官，植物体内 90% 左右的干物质是由叶片合成的。另外，植物体的生理活动，如蒸腾作用和呼吸作用也主要是通过叶片进行的。因此了解叶片的形成对园林树木的栽培有重要作用。

1. 叶片的形成与生长

树木单叶自叶原基出现以后，经过叶片、叶柄（或托叶）的分化，直到叶片的展开和叶片停止增长为止，构成了叶片的整个发育过程。对于不同树种、品种和同一树种的不同树梢来说，单个叶片自展叶到叶面积停止增长所用的时间及叶片的大小是不一样的。从树梢看来，一般中下部叶片生长时间较长，而中上部较短；短梢叶片除基部叶片发育时间短外，其余叶片生长情况大体比较接近。单叶面积的大小，一般取决于叶片生长的天数以及旺盛生长期的长短。如生长天数长，旺盛生长期也长，叶片则大；反之则小。

初展的幼嫩叶，由于叶组织量少，叶绿素浓度低，光合效率较低；随着叶龄增加，叶面积增大，生理上处于活跃状态，光合效率大大提高，直到达到一定的成熟度为止，然后随叶片的衰老而降低。展叶后在一定时期内光合能力强。常绿树以当年的新叶光合能力为最强。由于叶片出现的时期有先后，同一树体上就有各种不同叶龄的叶片，并处于不同发育时期。

2. 叶幕的形成

叶幕是指叶在树冠内集中分布区而言的。它是树冠叶面积总量的反映。园林树木的叶幕，随着树龄、整形方式、栽培目的的不同，其叶幕形成和体积也不相同。幼年树，由于分枝尚少，内膛小枝存在，内外见光，叶片充满树冠，其树冠的形状和体积就是叶幕的形状和体积。自然生长无中心干的成年树，叶幕与树冠体积并不一致，其枝叶一般集中在树冠表面，叶幕往往仅限于冠表较薄的一层，多呈弯月形叶幕。其中心干的成年树，多呈圆头形；老年多呈钟形叶幕，具体依树种而异。成林栽植树的叶幕，顶部呈平面形或立体波浪形。为结合花、果生产的，多经人工整剪使其充分利用光能；为避开架空线的行道树，常见有杯状叶幕，如桃树和架空线下的悬铃木、槐等。用层状整形的，形成分层形叶幕；按圆头形状整形的呈圆头形、半圆头形叶幕。

藤木叶幕随攀附的构筑物体而异。落叶树木叶幕在年周期中有明显的季节变化。其叶幕的形成规律也呈慢—快—慢 "S" 形动态曲线式过程。叶幕形成的速度与强度，因树种和品种、环境条件和栽培技术的不同而异。一般来说，幼龄树长势强，而以抽生长枝为主的树种及品种，其叶幕形成时期较长，出现高峰晚；树势弱、树龄大或短枝型品种，其叶幕形成的时间短，叶片形成的高峰出现早。如桃以抽长枝为主，叶幕高峰形成较晚。其树冠叶面积增长最快是在长枝旺盛之后；而梨和苹果的成年树以短枝为主，其树冠叶面积增长最快是在短枝停长期，故其叶幕形成早，高峰出现也早。

落叶树木的叶幕，从春天发叶到秋季落叶，大致能保持 5~10 个月的生存期；而常绿树木，由于叶片的生存期长，多半可达一年以上，而且老叶多在新叶形成之后逐渐脱落，故其叶幕比较稳定。对为花果生产的落叶树木来说，较理想的叶面积生长动态是前期增长快，后期适合的叶面积保持期长，并要防止叶面积过早下降。

（四）花的形成和开花

1. 花的形成

树木在整个发育过程中，最明显的质变是由营养生长转为生殖生长。花芽分化及开花是生殖发育的标志。

（1）花芽分化的概念

树木新梢生长到一定程度后，体内积累了大量的营养物质，一部分叶芽内部的生理和组织状态便会转化为花芽的生理和组织状态，这个过程称为花芽分化。狭义的花芽分化指的是其形态分化；广义的花芽分化包括生理分化、形态分化、花器官的形成与完善，直至性细胞的形成。花芽分化是树木重要的生命活动过程，是完成开花的先决条件。花芽分化的数量和质量直接影响开花。了解花芽分化的规律，对促进花芽的形成和提高花芽分化的质量，提高花果质量和满足观赏需要都具有重要意义。

（2）花芽分化期

根据花芽分化的指标，树木的花芽分化可分为生理分化期、形态分化期以及性细胞形成期。

①生理分化期

树木叶芽内生长点内部由叶芽的生理状态转向形成花芽的生理状态的过程称为生理分化期。此时叶芽与花芽外观上无区别，主要是生理生化方面的变化，如体内营养物质、核酸、内源激素和酶系统的变化。生理分化时期，芽内部生长点不稳定，代谢极为活跃，对外界因素高度敏感，条件不适极易发生逆转。因此，促进发芽分化的各种措施必须在生理分化期进行才有效。树种不同，生理分化开始的时期也不同，如牡丹在 7~8 月，月季在 3~4 月。生理分化期持续时间的长短，除与树种和品种的特性有关外，与树的营养状况及外界的温度、湿度、光照条件均有密切关系。

②形态分化期

由叶芽生长点的细胞组织形态转化为花芽生长点的组织形态过程称为形态分化

期。这一时期是叶芽经过生理分化后，在产生花原基的基础上，花或花器的各个原始体的发育过程。此时，芽内部发生形态上的变化，依次由外向内分化出花萼、花冠、雄蕊、雌蕊原始体，并逐渐分化形成整个花蕾或花序原始体，形成花芽。

③性细胞形成期

从雄蕊产生花粉母细胞或雌蕊产生胚囊母细胞开始，到雄蕊形成二核花粉粒和雌蕊形成卵细胞，称为性细胞形成期。于当年内进行一次或多次分化并开花的树木，其花芽性细胞都在年内于较高温度下形成；在夏季分化、次春开花的树木，其花芽经形态分化后要经过冬春一定低温累积条件，才能形成花器和进一步分化完善与生长，然后在第二年春季开花前较高温度下完成。性细胞形成时期，如不能及时供应消耗掉的能量及营养物质，就会导致花芽退化，并引起落花落果。

2. 植物花芽分化的类型

由于花芽开始分化的时间及完成分化全过程所需时间的长短不同（随植物种类、品种、地区、年份及多变的外界环境条件而异），可分为以下几个类型。

（1）夏秋分化型

绝大多数春夏开花的观花植物，如海棠、牡丹、丁香、梅花、榆叶梅、樱花等，花芽分化一年一次，于6~9月高温季节进行，至秋末花器的主要部分完成，第二年早春或春天开花。但其性细胞的形成必须经过低温。另外，球根类花卉也在夏季较高温度下进行花芽分化，而秋植球根在进入夏季后，地上部分全部枯死，进入休眠状态停止生长，花芽分化却在夏季休眠期间进行，此时温度不宜过高，超过20℃，花芽分化则受阻，通常最适温度为17~18℃，但也视种类而异。春植球根则在夏季生长期进行分化。

（2）冬春分化型

原产于温暖地区的某些木本花卉及一些园林树种属此类型。如柑橘类从12月~翌年3月完成，特点是分化时间短并连续进行。一些二年生花卉和春季开花的宿根花卉仅在春季温度较低时期进行。

（3）当年一次分化型

一些当年夏秋开花的种类，在当年枝的新梢上或花茎顶端形成花芽。如紫薇、木槿、木芙蓉等以及夏秋开花的宿根花卉，如萱草、菊花、芙蓉葵等，基本属此类型。

（4）多次分化型

一年中多次发枝，并于每枝顶形成花芽而开花。如茉莉、月季、倒挂金钟、香石竹、四季桂、四季石榴等四季开花的花木及宿根花卉，在一年中都可继续分化花芽，当主茎生长达一定高度时，顶端营养生长停止，花芽逐渐形成，并将养分集中于顶花芽。在顶花芽形成过程中，其他花芽又继续在基部生出的侧枝上形成，如此在四季中可以开花不绝。

（5）不定期分化类型

每年只分化一次花芽，但无一定时期，只要达到一定的叶面积就能开花，主要视植物体自身养分的积累程度而异，如凤梨科和芭蕉科的某些种类。

3. 开花

一个正常的花芽，当花粉粒和胚囊发育成熟，花萼与花冠展开时，称为开花。

（1）开花的顺序性

树种间开花先后、树木的花期早晚与花芽萌动先后相一致。不同树种开花早晚不同。长期生长在温带、亚热带的树木，除在特殊小气候环境外，同一地区，各树木每年开花期有一定顺序性。如梅花花期早于碧桃，结香早于榆叶梅，玉兰早于樱花等。南京地区部分树种开花先后顺序为梅花、柳树、杨树、榆树、玉兰、樱花、桃树、紫荆、紫薇、刺槐、合欢、梧桐、木槿、槐树。

在同一地区，同一树种不同品种间开花时间早晚也不同，按花期可分为早花、中花、晚花三类，如樱花就有早樱和晚樱之分。同一树体上不同部位枝条开花早晚不同，一般短花枝先开放，长花枝和腋花芽后开。同一花序开花早晚也不同，如伞形总状花序其顶花先开，伞房花序基部边先开，而柔荑花序于基部先开。

不管是雌雄同株，还是雌雄异株树木，雌、雄花既有同时开放，也有雌花先开放或雄花先开放的。如银杏在江苏省泰州市于4月中旬至下旬初开花，一般雄花比雌花早开1~3天。

（2）开花的类型

不同树木开花与新叶展开的先后顺序不同，概括起来可以分为三类。

①先花后叶类

此类树木在春季萌动前已完成花器分化，花芽萌动不久即开花，先开花后长叶，如迎春、连翘、紫荆、樱花、梅花、榆叶梅等。

②花、叶同放类

此类树木的花器分化也是在萌动前完成，开花和展叶几乎同时，如紫叶李等。

此外，多数能在短枝上形成混合芽的树种也属此类，如海棠、核桃等。混合芽虽先抽枝展叶后开花，但多数短枝抽生时间短，很快见花，此类开花较前类稍晚。

③先叶后花类

此类树木如云南黄素馨、牡丹、丁香、苦楝等，是由上一年形成的混合芽抽生相当长的新梢，在新梢上开花，加之萌发要求的气温高，故萌发开花较晚。此类多数树木花器是在当年生长的新梢上形成并完成分化，一般于夏季开花。在树木中属开花最迟的一类，如木槿、紫薇、槐树、桂花等。有些能延迟到初冬才开花，如木芙蓉、黄槐、伞房决明等。

（五）果实（种子）的生长发育

1. 果实的生长发育

从花谢后至果实达到生理成熟为止，需经过细胞分裂、组织分化、种胚发育、细胞膨大以及细胞内营养物质的积累和转化等过程。这个过程称为果实的生长发育。

果实生长发育与其他器官一样，也遵循由慢至快再到慢的"S"形生长曲线规律。果实的生长首先以伸长生长为主，后期转为以横向生长为主。因果实内没有形成层，其增大完全靠果实细胞的分裂与增大，重量的增加大致与其体积的增大成正比。

一般早熟品种发育期短，晚熟品种发育期长。另外，果实的生长发育还受环境条件的影响，如高温干燥，果实生长期缩短，反之则长；山地条件、排水好的地方果熟期早。

果实的着色是由于叶绿素的分解，细胞内已有的类胡萝卜素、黄酮素等使果实显出黄、橙等色；而果实中的红、紫色是由叶片中的色素原输入果实后，在光照、温度及氧气等环境条件下，经氧化酶而产生的花青素苷是碳水化合物在阳光（特别是短波光）的照射下形成的。

一般地，对许多春天开花、坐果的多年生树木来说，供应花果生长的养分主要依靠去年贮藏的养分，所以采用秋施基肥、合理修剪、疏除过多的花芽等，对促进幼果细胞的分裂具有重要作用。因此，根据观果要求，为观"奇""巨"之果，可适当疏幼果；为观果色者，尤应注意通风透光。果实生长前期可多施氮肥，后期则应多施磷钾肥。所以在果实成熟期，保证良好的光照条件，对碳水化合物的合成和果实的着色很重要。有些园林树木果实的着色程度决定了它的观赏价值高低，如忍冬类树木果实虽小，但色泽或艳红或黑紫，煞是好看。

2. 种子的结构与种子形成

被子植物的种子一般由胚、胚乳和种皮构成。

胚是种子最主要的部分，是植株开花、授粉后卵细胞受精的产物，其发育是从受精卵即合子开始的。合子是胚的第一个细胞，形成后通常经过一定时间的形态与生理准备后，开始进行分裂，经过原胚阶段、器官分化阶段和生长成熟阶段的发育，最后形成成熟胚。胚由胚芽、胚轴、子叶、胚根四个部分构成，播种后发育形成实生苗。

胚乳是种子内贮藏营养的地方，其发育是从极核受精形成的初生胚乳核开始的。初生胚乳核的分裂一般早于胚的发育，有利于为幼胚的生长发育提供及时必需的营养物质。有的树种，胚乳发育后不久，其营养物质被子叶吸收，到种子成熟时，胚乳消失，而子叶通常发达，成为无胚乳种子，如槐树、樟树等；有的树种，胚乳则保持到种子成熟时供萌发之用，如牡丹等。

种皮是由胚珠的珠被发育而来，包裹在种子外部起保护作用的一种结构。有些植物珠被为一层，发育形成的种皮也为一层，如核桃；有的植物珠被有两层，相应形成内、外两层种皮，如苹果。在许多植物中，一部分珠被组织和营养被胚吸收，所以只有部分珠被称为种皮。一般种皮是干燥的，但也有少数种类是肉质的，如石榴种子的种皮，其外表皮由多汁细胞组成，是种子可食用的部分。大部分树种的种皮成熟时，外层分化为厚壁组织，内层分化为薄壁细胞，中间各层分化为纤维、石细胞或薄壁组织。以后随着细胞的失水，整个种皮为干燥坚硬的包被结构，使保护作用得以加强。成熟种子的种皮上，常可见到种脐、种孔和种脊等结构；有些种皮上具有各种色素，形成各种花纹，如樟树；有些种皮表面有网状皱纹，如梧桐；有些种皮十分坚实，不易透水透气，与种子休眠有关，如红豆树、紫荆、胡枝子等；有些种皮上还出现毛、刺、腺体、翅等附属物，如悬铃木、垂柳等。种皮上这些不同的形态与结构特征随树种而异，往往是鉴定种子种类的重要依据。

裸子植物种子同样是由胚、胚乳、种皮三部分组成，是由裸露在大孢子叶上的胚珠发育形成的。大孢子叶类似于被子植物的心皮，只是没有闭合成为封闭的结构，常可演变为珠鳞（松柏类）、珠柄（银杏类）、珠托（红豆杉）、套被（罗汉松）和羽状大孢子叶（苏铁）等结构。胚珠由珠被、珠孔、珠心构成，其中珠被发育为种皮，珠孔残留为种孔，珠心组织中产生的卵细胞在受精后发育为胚。与被子植物不同，裸子植物在珠心内发育出雌配子体，其内形成数个颈卵器，每个颈卵器又各有一个卵细胞，所以种子常常出现多胚现象，不过最后通常只有一个胚发育成熟，其余的则被吸收。胚乳由雌配子体除去颈卵器的部分发育而成，为单倍体（被子植物的胚乳是双受精的产物，是三倍体）。裸子植物中，不管卵细胞是否受精并发育成胚，其胚乳都已经先胚而发育，其作用也是为胚的生长发育提供营养物质。

3. 种子成熟

种子的成熟过程，实质上就是胚从小长大，以及贮藏物质在种子中变化和积累的过程。不同植物的种子，贮藏物质不同。禾本科植物胚乳主要贮存淀粉；豆科植物的子叶主要贮藏蛋白质和脂肪。总体而言，在种子成熟过程中，可溶性糖类转化为不溶性糖类，非蛋白质转变为蛋白质，而脂肪是由糖类转化而来的。

种子含水量随着植物种子的成熟逐步减少，细胞的原生质由溶胶状态转变为凝胶状态。由于含水量的减少，种子的重量减少，实际上干物质却在增加。

种子在积累贮藏物质过程中，要不断合成有机物，这时需要能量的供应，所以，贮藏物质的积累和种子的呼吸量成正比，贮藏物质积累迅速，呼吸作用旺盛，种子接近成熟后，呼吸作用降低。

（六）植物整体性及器官生长发育的相关性

1. 植物生长发育的整体性

树木作为结构与功能均较复杂和完善的有机体，是在与外界环境进行不断斗争中生存和发展的。而且树木本身各部分间，生长发育的各阶段或过程间，既存在相互依赖、互相调节的关系，也存在相互制约，甚至相互对立的关系。这种相互对立与统一的关系，就构成了树木生长发育的整体性。

2. 器官生长发育的相关性

（1）顶芽和侧芽

幼、青年树木的顶芽通常生长较旺，侧芽相对较弱或缓长，表现出明显的顶端优势。除去顶芽，则优势位置下移，并促使较多的侧芽萌发。修剪时用短枝来削减顶端优势，以促使分枝。

（2）根端和侧根

根的顶端生长对侧根的形成有抑制作用。切断主根先端，有利于促进侧根和侧生根生长，可增加侧根和须根数量。对实生苗多次移植，有利于出圃栽植成活；对壮老龄树，深翻改土，切断一定粗度的根（因树而异），有利于促发吸收根，增强树势，更新复壮。

（3）果与枝

正在发育的果实，争夺养分较多，对营养枝的生长、花芽分化有抑制作用。其作用范围虽有一定的局限性，但如果结实过多，就会对全树的长势和花芽分化起抑制作用，并出现开花结实的"大小年"现象。其中种子所产生的激素对附近枝条花芽分化的抑制作用更为明显。

（4）营养器官与生殖器官

营养器官和生殖器官的形成都需要光合产物，而生殖器官所需的营养物质是由营养器官供给的。推动营养器官的健壮生长，是促进多开花、结实的前提。但营养器官的扩大本身也要消耗大量养分。因此常与生殖器官的生长发育出现养分竞争的情况。这二者在养分供求上表现出十分复杂的关系。

（5）其他器官之间的相关性

树木的各器官是互相依存和作用的，如叶面水分的蒸腾与根系吸收水分的多少有关、花芽分化的早晚与新梢生长停止期的早晚有关、枝量与叶面积大小有关、种子多少与果实大小及发育有关等，这些相关性是普遍存在的，体现了植株整体的协调和统一。

总之，树木各部位和各器官互相依赖，在不同的季节有阶段性，局部器官除有整体性外，又有相对独立性。在园林树木栽培中，利用树木各部分的相关性可以调节树体的生长发育。

3. 顶端优势

一般来说，植物的顶芽生长较快，而侧芽的生长则受到不同程度的抑制，主根与侧根之间也有类似的现象。如果将植物的顶芽或根尖的先端除掉，侧枝和侧根就会迅速长出。这种顶端生长占优势的现象叫作顶端优势。顶端优势的强弱，与植物种类有关。松、杉、柏等裸子植物的顶端优势强，近顶端侧枝生长缓慢，远离顶端的侧枝生长较快，因而树冠呈塔形。

利用顶端优势，生产上可根据需要来调节植物的株形。对于松、杉等用材树种需要高大笔直的茎干，要保持其顶端优势；雪松具有明显的顶端优势，形成典型的塔形树冠，雄伟挺拔，姿态优美，故为优美的观赏树种；对于以观花为目的的观赏植物，则需要消除顶端优势，以促进侧枝的生长，多开花多结果。

二、园林植物群体及其生长发育规律

（一）园林植物群体组成

1. 园林植物群体的概念

在自然界，任何植物都不是单独地生存，而是有许多不同植物和它生活在一起。这些生长在一起的植物，占据了一定的空间和面积，按照自己的规律生长发育、演变更新，并与环境发生相互作用，形成一个相互依存的植物集体，此称植物群体。按照其形成和发展中与人类栽培活动的关系来划分，可以分为两类：一类是植物自然形成的，称为自然群体或自然植物群落；另一类是人工栽培形成的，称为栽培群体或人工植物群落。

2. 园林植物群体的组成与特征

（1）自然植物群体的组成与特征

在特定空间或特定生境下由一定的不同植物种类所组成，但各植物种类在数量上并不是均等的。在群体中数量最多或数量虽不多但所占面积却最大的成分，称为优势种，亦称建群种。优势种可以是一种植物，也可以是几种植物。优势种是本群体的主导者，对群体的影响最大。各种自然群体具有一定的形貌特征。

①群体的外貌主要取决于优势种的生活型。例如，一片针叶树群体，其优势种为云杉时，则群体的外形呈现尖峭突出的林冠线；若优势种为铺地柏时，则形成一片贴伏地面的、低矮的、宛如波涛起伏的外貌。

②群体中，植物个体的疏密程度与群体的外貌有着密切的关系。例如，稀疏的松林与浓郁的松林有着不同的外貌。此外，具有不同优势种的群体，其所能达到的最大密度也极不相同。例如，沙漠中的一些植物群落常表现为极稀疏的外貌，而竹林则呈浓密的丛聚外貌。

群体的疏密度一般用单位面积株数来表示。与疏密度有一定关系的是树冠的郁闭度和草本植物的覆盖度，它们均可用"十分法"来表示。以树木而论，树林中完全不见天日者为10，树冠遮阴面积与露天面积相等者为5，其余则依次按比例类推。

③群体中植物种类的多少，对其外貌有很大的影响。例如，单纯一种树木的林丛常形成高度一致的线条，而如果是多种树木生长在一起时，则无论在群体的立面上或平面上的轮廓、线条，都可有不同的变化。

④各种植物群体所具有的色彩形相称为色相。例如，针叶林常呈蓝绿色，柳树林呈浅绿色，银白杨树林则呈碧绿与银光闪烁的色相。

由于季节不同，在同一地区所产生的植物群落形相称为季相。例如，银杏在春夏表现为绿色，秋冬则为黄色直至落叶。

对同一个植物群体而言，一年四季中由于优势种的物候变化以及相应的可能引起群体组成结构的某些变化，也都会使该群体呈现出季相的变化。

⑤植物生活期的长短由于优势种寿命长短的差异而不同，也可影响群体的外貌。例如，多年生树种和一、二年生或短期生草本植物的多少，可以决定季相变化的大小。

⑥各地区各种不同的植物群体，常有不同的垂直结构"层次"。"层次"少的如荒漠地区的植物通常只有一层；"层次"多的如热带雨林中常达六七层及以上。这种"层次"是根据植物种的高矮及不同的生态要求而形成的。

在热带雨林中，藤本植物和附生、寄生植物很多，它们不能自己直立而是依附于各层中的直立植物，不能自己独立地形成层次，这些就被称为"层间植物"或"填空植物"。

另外，还有一个概念，即"层片"。"层片"与上述分层现象中的"层次"概念是有差异的。层次是指植物群体从结构的高低来划分的，即着重于形态方面，而层片则是着重于从生态学方面划分的。在一般情况下，按较大的生活型类群划分时，则层片与层次是相同的，即大高位芽植物层片即为乔木层，矮高位芽植物层片即为灌木层。但是，当按较细的生活型单位划分时，则层片与层次的内容就不同了。例如，在常绿树与落叶树的混交群体中，从较细的生活型分类来讲，可分为常绿高位芽植物与落叶高位芽植物两个层片，但从群体的形态结构来讲均属于垂直结构的第一层次，即二者属于同一层次。从植物与环境间的相互关系来讲，层片则更好地表明了其生态作用，因为落叶层片与常绿层片对其下层的植物及土壤的影响是不同的。由于层片的水平分布不同，在其下层常形成具有不同习性植物组成小块组群的、镶嵌状的水平分布。

（2）栽培群体的组成与特征

栽培群体完全是人为创造的，其中有采用单纯种类的种植方式，也有采用间作、套种或立体混交的各种配植方式，因此，其组成结构的类型是多种多样的。栽培群体所表现的形貌也受组成成分、主要的植物种类、栽植的密度和方式等因子制约。

（二）园林植物群体的生长发育和演替

在自然界中，植物对环境的适应及其生态分化每时每刻都在发生，这种适应和分化体现在个体的形态、生理、生活史等诸多方面。分化的方向和途径主要由种群及个体所面临的环境条件而定。在环境条件的综合影响中，植物生活所必需的光、温度、水分、土壤等，总是会在一定条件下成为影响植物生态适应的主导因子，对植物产生深刻的影响。

群体是由个体组成的。在群体形成的最初阶段，尤其是在较稀疏的情况下，每个个体所占空间较小，彼此间有相当的距离，它们之间的关系是通过其对环境条件的改变而发生间接影响关系。随着个体植株的生长，彼此间地上部的枝叶愈益密接，地下部的根系也逐渐互相扭接。至此，彼此间的关系就不再仅为间接的，而是有生理上及物理上的直接关系了。例如，营养的交换、根分泌物质的相互影响以及机械的挤压、摩擦等。研究群体的生长发育和演变规律时，既要注意组成群体的个体状况，也要从整体的状况以及个体与集体的相互关系上来考虑。

园林植物群体的生长发育可以分为以下几个时期。

1. 群体的形成期（幼年期）

这是未来群体的优势种，在一开始就有一定数量的有性繁殖或无性繁殖的物质基础，如种子、萌蘖苗、根茎等。自种子或根茎开始萌发到开花前的阶段属于本期。在本期内不仅植株的形态与以后诸期不同，而且生长发育的习性也有所不同。在本期中植物的独立生活能力弱，与外来种类的竞争能力较弱，对外界不良环境的抗性弱，但植株在与环境相统一方面的遗传可塑性却较强。一般而言，处于本期的植物群体要比后述诸期都有较强的耐阴能力或需要适当的荫蔽和较良好的水湿条件。例如，许多极喜日光的树种如松树等，在前一两年也是很耐阴的。一般的喜光树或中性树幼苗在完全无荫蔽的条件下，由于综合因子变化的关系，反而会对其生长不利。随着幼苗年龄的增长，其需光量逐渐增加。至于具体的由需阴转变为需光的年龄，则因树种及环境的不同而异。在本期中，从群体的形成与个体的关系来讲，个体数量的众多对群体的形成是有利的。在自然群体中，对于相同生活型的植物而言，哪个植物种能在最初具有大量的个体数量，它就较易成为该群体的优势种。在形成栽培群体的农、林及园林绿化工作中，人们也常采取合理密植、丛植、群植等措施以保证该植物群体的顺利发展。群体生长发育期中，个体的数量较少，群体密度较小时，植物个体常分枝较多，个体高度的年生长量较少；反之，群体密度大时，则个体的分枝较少，高生长量较大，但密度过大时，易发生植株衰弱，病虫孳生的弊害，因而在生产实践中应加以控制，保持合理的密度。

2. 群体的发育期（青年期）

这是指群体中的优势种从开始开花、结实到树冠郁闭后的一段时期，或先从形成树冠（地上部分）的郁闭到开花结实时止的一段时期。在稀疏的群体中常发生前者的情况，在较密的群体中则常发生后者的情况。从开花结实期的早晚来讲，在相同的气候、土壤等环境下，生长在郁闭群体中的个体常比生长在空旷处的单株（孤植树）个体开花迟，结实量也较少，结实的部位常在树冠的顶端和外围。从生长状况而言，群体中的个体常较高，主干上下部的粗细变化较小，而生于空旷处的孤植树则较矮，主干下部粗而上部细，即所谓"削度"大，枝干的机械组织也较发达，树冠较庞大而分枝点低。在群体发育期中由于植株间树冠彼此密接形成郁闭状态，因而大大改变了群体内的环境条件。由于光照、水分、肥分等因素的影响，使个体发生下部枝条的自枯现象。这种现象在喜光树种身上表现得最为明显，而耐阴树种则较差，后者常呈现长期的适应现象，但在生长量的增加方面较缓慢。

在群体中的个体之间，由于对营养的争夺结果，有的个体表现生长健壮，有的则生长衰弱，渐处于被压迫状态以至于枯死，即产生了群体内部同种间的自疏现象，而留存适合该环境条件的适当数量植株。与此同时，群体内不同种类间也继续进行着激烈的竞争，从而逐渐调整群体的组成与结构关系。

3. 群体的相对稳定期（成年期）

这是指群体经过自疏及组成成分间的生存竞争后的相对稳定阶段。虽然在群体的发展过程中始终贯穿着生理生态上的矛盾，但是在经过自疏及种间竞争的调整后，已形成大体上较稳定的群体环境和大体上适应与该环境的群体结构和组成关系（虽然这种作用在本期仍然继续进行，但是基本上处于相对稳定的状态），这时群体的外貌特征，多表现为层次结构明显、郁闭度高、物种稳定、季相分明等。各种群体相对稳定期的长短是有很大差别的，主要由群体的结构特征、发育阶段以及外界的环境因子间关系所决定。

4. 群体的衰老期及群体的更新与演替（老年及更替期）

由于组成群体主要树种的衰老与死亡以及树种间竞争继续发展，整个群体不可能永恒不变，而必然发生群体的演变现象。由于个体的衰老，形成树冠的稀疏，郁闭状态被破坏，日光透入树下，土地变得较干，土温亦有所增高，同时由于群体使其内环境发生改变，例如，植物的落叶对于土壤理化性质的改变等。总之，群体所形成的环境逐渐发生巨大的变化，引起与之相适应的植物种类和生长状况的改变，因此形成群体优势种演替的条件。例如，在一个地区生长着相当多的桦树，在树林下生长有许多桦树、云杉和冷杉幼苗；由于云杉和冷杉是耐阴树，桦树是强喜光树，所以前者的幼苗可以在桦树的保护下健壮生长，又由于桦树寿命短，经过四五十年就逐渐衰老，而云杉与冷杉却正是转入旺盛生长的时期。所以一旦当云杉与冷杉挤入桦树的树冠中并逐渐高于桦树，由于树冠的逐渐郁闭，形成透光性差的阴暗环境，不论对成年桦树或其幼苗都极不利，但云杉、冷杉的幼苗却有很强的耐阴性，故最终会将喜强光的桦树排挤掉，而代为云杉与冷杉的混交群落。

这种树种更替的现象，是由于树种的生物学特性及环境条件不断改变而发生的。但每一演替期的长短是不相同的，有的仅能维持数十年（即少数世代），有的则可呈长达数百年的（即许多世代的）长期稳定状态。对此，有的生态学家曾主张植物群落演变到一定种类的组成结构后就不再变化了，故称为"顶极群落"的理论。其实这种观点是不正确的，因为环境条件不断发生变化，群落的内部与外部关系也在旧矛盾的统一和新矛盾的产生中不断地发生变化，因此只能认为某种群体可以有较长期的相对稳定性，但不能认为它们是永恒不变的。

一个群体相对稳定期的长短，除了因本身的生物习性及环境等因子影响外，与其更新能力也有密切的关系。群体的更新通常有两种方式，即种子更新和营养繁殖更新。在环境条件较好时，由大量种子可以萌生多数幼苗，如环境对幼苗的生长有利，则提供了该种植物群落能较长期存在的基础。树种除了能用种子更新外，还可以用根蘖、不定芽等方式进行营养繁殖更新，尤其当环境条件不利于种子时。例如，在高山上或寒冷处，许多自然群体常不能产生种子，或由于生长期过短，种子无法成熟，因而形成从水平根系发出大量根蘖而得以更新和繁衍的现象。由种子更新的群体和由营养繁殖更新的群体，在生长发育特性上有许多不同点，前者在幼年期生长的速度慢但寿命长，成年后对于病虫害的抗性强；后者则由于有强大的根系，故生长迅速，在短期内即可长成，但由于个体发育上的阶段性较为明显，故易衰老。园林工作者应根据实际情况，按不同目的和需要采取相应措施，以保证群体的个体更新过程能顺利进行。

总之，通过对群体生长发育和演替的逐步了解，园林工作者的任务即在于掌握其变化的规律，改造自然群体，引导其向有利于我们需要的方向变化。对于栽培群体，则在规划设计之初，就要能预见其发展过程，并在栽培养护过程中保证其具有较长期的稳定性。但是，这是一个相当复杂的问题，应在充分掌握种间关系和群体演替等生物学规律的基础上，进行规划设计，以满足园林的"改善防护、美化和适当结合生产"等各种功能要求。例如，有的城市曾将速生树与慢长树混交，将钻天杨与白蜡、刺槐、元宝枫混植而株行距又过小、密度很大，结果在这个群体中的白蜡、元宝枫等越来越受到抑制而生长不良，致使配植效果欠佳。若采用乔木与灌木相结合，按其习性进行多层次的配植，则可形成既稳定生长繁茂又具有丰富景观层次的群落状态。

第二章
园林植物景观配置的形式

第一节 乔灌木的种植方式与整形

在园林中，乔、灌木通常是搭配应用、互为补充的，它们的组合首先必须满足生态条件。第一层的乔木应是阳性树种，第二层的亚乔木可以是半阴性的，分布在外缘的灌木可以是阳性的，而在乔木遮阴下的灌木则应是半阴性的，乔木为骨架，亚乔木、灌木等紧密结合构成复层、混交相对稳定的植物群落。

在艺术构图上，应该是反映自然植物群落典型的天然之美，要具有生动的节奏变化，由于要考虑园林各项功能上的需要，因此乔灌木的组合形式从少到多，从简单到复杂也就多种多样了。同时，应充分认识到：乔灌木因其生长速度快、体量大、寿命长而对园林构图起到"举足轻重"的影响，因此，在进行植物配置、选择种植方式时应慎重考虑。乔灌木的孤植、对植和列植相对来说比较容易把握，也容易出效果，但不宜多用，此外还有丛植、群植等方式。

一、孤植

孤植一般是指乔木或灌木的单株种植类型，它是中西园林中广为采用的一种自然式种植形式。但有时为构图需要，同一树种的树木两株或三株紧密地种在一起，以形成一个单元，它们远看和单株栽植的效果相同，这种情况也属于孤植。在园林的功能上有两种孤植类型，一是单纯作为构图艺术上的孤植树；二是作为园林中庇荫和构图艺术相结合的孤植树。

孤植树主要表现植株个体的特点，突出树木的个体美。如奇特的姿态、丰富的线条、浓艳的花朵、硕大的果实等。因此，在选择树种时，孤植树应选择那些具有枝条开展、姿态优美、轮廓鲜明、生长旺盛、成荫效果好、寿命长等特点的树种，如银杏、槐树、榕树、香樟、悬铃木、山桦、无患子、枫杨、七叶树、雪松、云杉、桧柏、白皮松、枫香、元宝枫、鸡爪槭、乌桕、樱花、紫薇、梅花、广玉兰、柿树等。在园林中，孤植树种植的比例虽然很小，却有相当重要的作用。

孤植树在园林中往往成为视觉焦点。种植的地点要求比较开阔，不仅要保证树冠有足够的空间，而且要有比较合适的观赏视距和观赏点，让人们有足够的活动场地和恰当的欣赏位置。最好还要有像天空、水面、草地等自然景物作背景衬托，以突出孤植树在形体、姿态等方面的特色。庇荫与艺术构图相结合的孤植树，其具体位置的确定，取决于它与周围环境在整体布局上的统一。最好是布置在开敞的大草坪之中，但一般不宜种植在草坪的几何中心，而应偏于一端，安置在构图的自然重心，与周围的景物取得均衡与呼应的效果；孤植树也可以配植在开阔的河边、湖畔，以明朗的水色作背景，游人可以在树冠的庇荫下欣赏远景或活动。孤植树下斜的枝干可以自然形成各种角度的框景。

孤植树还适宜配植在可以透视辽阔远景的高地上和山岗上，一方面，游人可以在树下纳凉、眺望；另一方面，可以使高地或山岗的天际线丰富起来。孤植树也可与道路、广场、建筑结合，透景窗、洞门外也可布置孤植树，成为框景的构图中心。诱导树种植在园路的转折处或假山蹬道口，以引导游人进入另一景区。如在以较深暗的密林作为背景的条件下，选用色彩鲜艳的红叶树等具有吸引力的树种，孤植树还可以配植在公园前广场的边缘，或人流少的地方，以及有园林院落等的地方。

孤植树作为园林构图的一部分，不是孤立的，必须与周围环境和景物相协调，即要求统一于整个园林构图之中。如果在开敞宽广的草坪、高地、山岗或水边栽种孤植树，所选树木必须特别巨大，这样才能与广阔的天空、水画、草坪有差异，才能使孤植树在姿态、体形、色彩上突出。

在小型林中草坪、较小水面的水滨以及小的院落之中种植孤植树，其体形必须小巧玲珑，可以应用体形与线条优美、色彩艳丽的树种。在山水园中的孤植树必须与假山石协调，树姿应选盘曲苍古状的，树下还可以配以自然的卧石，以作休息之用。

建造园林必须注意利用原地的成年大树作为孤植树，如果绿地中已有上百年或数十年的大树，必须使整个公园的构图与这种有利的条件结合起来；如果没有大树，则利用原有中年树（10～20年生的珍贵树）为孤植树，这也是有利的。另外，值得一提的是，孤植树最好选乡土树种，可望"树茂荫浓"，健康生长；

树龄长久。

二、对植

对植是指用两株或两丛相同或相似的树，按照一定的轴线关系，做相互对称或均衡的种植方式。对植主要用于强调公园、建筑、道路、广场的出入口，同时结合庇荫和装饰美化的作用，在构图上形成配景和夹景。同孤植树不同，对植很少作主景。

对称种植：主要用在规则式的园林中。构图中轴线两侧选择同一树种，且大小、形体尽可能相近，与中轴线的垂直距离相等。如公园建筑入口两旁或主要道路两侧。

拟对称种植：主要用在自然式园林中，构图中轴线两侧选择的树种相同，但形体大小可以不同，与中轴线的距离也就不同，求得感觉上的均衡，彼此要求动势集中。因此，对植并不一定是一侧一株，可以是一侧一株大树，另一侧配一个树丛或树群的组合形式。

在规则式种植中，利用同一树种、同一规格的树木依主体景物轴线做对称布置，两树连线与轴线垂直并被轴线等分，这在园林的入口、建筑入门和道路两旁是经常运用的。规则种植中，一般采用树冠整齐的树种，而一些树冠过于扭曲的树种则需使用得当，种植的位置既要不妨碍交通和其他活动，又要保证树木有足够的生长空间。在自然式种植中，对植不是对称的，但左右仍是均衡的。在自然式园林的入门两旁，桥头、蹬道的石阶两旁，河道的进口两边，闭锁空间的进口、建筑物的门口，都需要自然式的入口栽植和诱导栽植，自然式对植是最简单的形式，是与主体景物的中轴线支点取得均衡关系。在构图中轴线的两侧，可用同一树种。但大小和姿态必须不同，动势要向中轴线集中，与中轴线的垂直距离，大树要近，小树要远，自然式对植也可以采用株数不相同而树种相同的配植。如左侧是一株大树，右侧为同一树种的两株小树；也可以两边是相似而不相同的树种，或是两种树丛。树丛的树种必须相似，双方既要避免呆板的对称形式，又必须对应。对植树在道路两旁构成夹景。利用树木分枝状态或适当加以培育，就可以构成相依或交冠的自然景象。

三、列植

列植即行列栽植，是指乔灌木按一定的株行距成排成行地种植，或在行内株距有变化。行列栽植形成的景观比较整齐、单纯、有气势，是规则式园林绿地如道路广场、工矿区、居住区、办公大楼绿化应用最多的基本栽植形式。行列栽植具有施工、管理方便的优点。

植物成排成行栽植，并有一定的株行距。可一种树的单行栽也可多种树间植，或多行栽，多用于栽植道路两旁绿篱、林带等。其树种的选择，乔木多选择分枝点较高、耐修剪的树种。间植多选择灌木或花卉，以求形体和色彩上的丰富。

行列栽植宜选用树冠体形比较整齐的树种，如圆形、卵圆形、倒卵形、椭圆形、塔形、圆柱形等，而不选枝叶稀疏、树冠不整形的树种。行列栽植的株行距，取决于树种的特点、苗木规格和园林用途等，一般乔木采用 3~8m，甚至更大，而灌木为 1~5m，过密就成了绿篱。

在设计行列栽植时，要处理好与其他因素的矛盾，行列栽植多用于建筑、道路、上下管线较多的地段。行列栽植与道路配合，可起夹景作用，行列栽植的基本形式有两种：一是等行等距，即从平面上呈成正方形或品字形的种植点，多用于规则式园林绿地中；二是等行不等距，即行距相等，行内的株距有疏密变化，从平面上看成不等边的三角形或不等边四角形，可用于规则式或自然式园林局部，如路边、广场边缘、水边、建筑物边缘等，株距有疏密变化，也常应用于从规则式栽植到自然式栽植的过渡带。

行列栽植的特殊形式是篱植（绿篱和绿墙）。

（一）绿篱的功能

1. 范围与围护作用

在园林绿地中，常以绿篱作防范的边界，如用刺篱、高篱或绿篱内加铁丝。绿篱也可用作组织游览路线。

2. 分隔空间和屏障视线

园林的空间有限，往往又需要安排多种活动用地，为减少互相干扰，常用绿篱或绿墙进行分区和屏障视线，以便分隔不同的空间。绿篱最好用常绿树组成高于视线的绿墙，如把儿童游戏场、露天剧场、运动场等与安静休息区分隔开来，这样才能减少互相的干扰。局部规则式的空间，也可用绿篱隔离。这样可以缓和风格不同的布局形式所带来的强烈对比。

3. 作为规则式园林的区划线

通常以中篱为分界线,以矮篱作花境的边缘,或作花坛和观赏草坪的图案花纹。一般装饰性矮篱选用的植物材料有黄杨、大叶黄杨、桧柏、日本花柏、雀舌黄杨等,其中以雀舌黄杨最为理想,因其生长缓慢,别名千年矮,纹样不易走样,比较持久,也可以用常春藤组成粗放的纹样。

4. 作为花境、喷泉、雕像的背景

园林中常用常绿树修剪成各种形式的绿墙,作为喷泉和雕像的背景,其高度一般要与喷泉和雕像的高度相称,色彩以选用没有反光的暗绿色树种为宜。作为花境背景的绿篱一般为常绿的高篱及中篱。

5. 美化挡土墙

在各种绿地中,为避免挡土墙立面的枯燥,常在挡土墙的前方栽植绿篱,以美化挡土墙的立面。

6. 作色带

中矮篱的应用,按绿篱栽植的密度,其宽窄随设计纹样而定,但宽度过大将不利于修剪操作,设计时应考虑工作小道,在大草坪和坡地上可以种植不同的观叶木本植物(灌木为主,如小叶黄杨具有气势、尺度大、效果好的纹样)。

(二) 按高度划分绿篱的类型

根据高度的不同,可以分为绿墙、高绿篱、绿篱和矮绿篱四种。

第一,绿墙高度一般在人眼(约 1.6m)以上,阻挡人们视线通过的属于绿墙或树墙,如珊瑚树、桧柏、枸橘、月桂等。

第二,凡高度在 1.6m 以下,1.2m 以上,人的视线可以通过,但其高度是一般人所不能跃过的,这部分绿篱称作高绿篱。

第三,勉强跨越而过的绿篱,称为绿篱或中绿篱,这是一般园林中常用的绿篱类型之一。

第四,凡高度在 50cm 以下,人们可以毫不费力一跨而过的绿篱,称为矮绿篱。

(三) 按功能和观赏要求划分绿篱的类型

根据功能要求与观赏要求不同,可分为常绿篱、花篱、果篱、刺篱、落叶篱、蔓篱与编篱等。

常绿篱：由常绿树组成，为园林中最常用的绿篱，常用的主要树种有桧柏、侧柏、罗汉松、大叶黄杨、海桐、女贞、小蜡、锦熟黄杨、雀舌黄杨、冬青、月桂、珊瑚树、蚊母、观音竹、茶树等。

花篱：由观花树木组成，是园林中比较精美的绿篱与绿墙，常用的树种有桂花、栀子花、茉莉、六月雪、金丝桃、迎春、黄馨、木槿、锦带花、金钟花、溲疏、郁李、珍珠梅、麻叶绣球、日本绣线菊等，其中常绿芳香花木用在园中作为花篱尤具特色。

果篱：许多绿篱植物在果实长成时可观赏，且别具风格，如紫珠、枸骨、火棘、枸橘等。果篱以不规则整形修剪为宜，如果修剪过重，则结果减少，将影响观赏效果。

刺篱：在园林中为了安全防范，常用带刺的植物作绿篱。常用的树种有枸骨、枸橘、花椒、小檗、黄刺玫、蔷薇、胡颓子等，其中枸橘用作绿篱有铁篱寨之称。

落叶篱：由一般落叶树组成。东北、华北地区常用，主要树种有榆树、丝棉木、紫穗槐、圣柳、雪柳等。

蔓篱：在园林或住宅大院内起到防范与划分空间的作用。一时得不到高大的树苗，常常搭建竹篱、木栅围墙或铅丝网篱，同时栽植藤本植物。常用的植物有金银花、凌霄、常春藤、山荞麦、爬行蔷薇、茑萝、牵牛花等。

编篱：为了增强绿篱的防范作用，避免游人或动物穿行，有时把绿篱植物的枝条编结起来，做成网状或格状形式。常用的植物有木槿、杞柳、紫穗槐等。

（四）篱植和种植密度

绿篱的种植密度根据使用的目的性、所选树种、苗木的规格和种植地带的宽度而定。矮篱、一般绿篱的株距为 30~50cm，行距为 40~60cm，双行式绿篱成三角交叉排列。绿墙的株距可采用 100~150cm，行距 150~200cm。绿篱的起点和终点应做尽端处理，从侧面看来比较厚实美观。

四、丛植

乔灌木的丛植、群植和林植多用于自然式的植物配置中，而且是值得提倡的群落型配置方式。配置时讲究乔灌结合，要求高低错落、层次丰富；同时要考虑植物的生态以及相互的依存关系和稳定性。搭配得好不仅使环境大放异彩，而且有极大的生态作用。

树丛通常是由两株到十几株同种或异种乔木或乔灌木组合而成的种植类型。配植树丛的地面，可以是自然植被或是草坪、草花地，也可配置在山石或台地上。树丛是园林绿地中重点布置的一种种植类型，它以反映树木群体美（兼顾个体美）的综合形象为主，所以要很好地处理株间、种间的关系。所谓株间关系，是指疏密、远近等因素；种间关系是指不同乔木以及乔灌木之间的搭配。在处理植株间距时，要注意在整体上适当密植，局部疏密有致，并使之成为一个有机的整体；在处理种间关系时，要尽量选择有搭配关系的树种，要阳性与阴性、快长与慢长、乔木与灌木有机地组合成生态相对稳定的树丛。同时，组成树丛的每一株树木也都能在统一的构图中表现其个体美。所以，作为组成树丛的单株树木与孤植树相似，必须挑选在庇荫、树姿、色彩、芳香等方面有特殊价值的树木。

树丛可以分为单纯树丛及混交树丛两类，树丛在功能上除作为组成园林空间构图的骨架外，有作蔽荫用的、有作主景用的、有作诱导用的、有作配景用的等。

蔽荫用的树丛最好采用单纯树丛形式，一般不用或少用灌木配植，通常以树冠开展的高大乔木为宜。而作为构图艺术上的主景或诱导与配置用的树丛，则多采用乔灌木混交树丛。

树丛作为主景时，宜用针阔叶混植的树丛，其观赏效果特别好，可配植在大草坪中央、水边、河旁、岛上或上丘山岗上，以作为主景的焦点。在中国古典山水园中，树丛与岩石的组合常设置在粉墙的前方或走廊、房屋的一隅，以构成树石小景。作为诱导用的树丛多布置在出入口、岔路和弯曲道路以引导游人按设计安排的路线欣赏丰富多彩的园林景色。另外，它也可以当配景用，如作小路分岔的标志或遮蔽小路的前景以取得峰回路转又一景的效果。树丛设计必须以当地的自然条件和总的设计意图为依据，用的树种虽少，但要选得准，以充分掌握其植株个体的生物学特性及个体之间的相互影响，从而使植株在生长空间、光照、通风、温度、湿度和根系生长发育方面都取得理想的效果。

树丛作为主景时，四周要空旷，可以布置在大草坪的中央、水边、河湾、山坡及山顶上，也可作为框景布置在景窗或月洞门外，与山石组合是中国古典园林中常见的手法。这样的组合方式，也可布置在白粉墙前、走廊或房屋的角隅。

在游憩园林绿地中，树丛下面可布置一些休息坐凳，为游人提供一个停留的场地。可取自然道路中的一段，路的一端是一条坐凳和一丛密闭性很强的树丛，从而使游人在此停留有一种安定感；另一端由三株常绿树和一株观赏树组成，具有很好的景观效果。

五、群植

群植是由多数乔灌木（一般为 20～30 株）混合成群栽植的类型，树群所表现的主要为群体美。树群也像孤植树和树丛一样，可作构图的主景。树群应该布置在有足够距离的开敞场地，如靠近林缘的大草坪、宽广的林中空地、水中的小岛屿、宽阔水面的水滨、小山的山坡、土丘等地方，树群主立面的前方，至少在树群高度的四倍，树群宽度的一倍半距离处，要留出空地，以便游人欣赏。

树群规模不宜太大，在构图上要四面空旷。树群的组合方式，最好采用郁闭式成层的结合。树群内通常不允许游人进入，游人也不便进入，因而更利于作庇荫之用，树群的北面，树冠开展的林缘部分，仍然可作庇荫之用。

树群可分为单纯树群和混交树群两种。单纯树群由一种树木组成，可以应用宿根花卉作为地被植物。混交树群是树群的主要形式。混交树群可分为五个部分，即乔木层、亚乔木层、大灌木层、小灌木层及多年生草本植物层。其中每一层都要显露出来，其显露部分应该是该植物观赏特征突出的部分。乔木层选用的树种，树冠的姿态要特别丰富，整个树群的天际线要富于变化；亚乔木层选用的树种，最好选开花繁茂的，或各具美丽叶色的；灌木应以花木为主，草本植物应以多年生野生花卉为主。树群下的土面不能暴露，树群组合的基本原则是，高度喜光的乔木层应当分布在中央，亚乔木在其四周；大灌木、小灌木在外缘，这样不致互相遮掩，但其各个方向的断面，又不能像金字塔那样机械，所以，在树群的某些外缘可以配置一两个树丛及几株孤植树。

（一）单纯树群

由一种树木组成，观赏效果相对稳定，这样的树群布置在靠近园路或铺装广场等地方，且选用大乔木，可解决游人的休息问题。利用相同的树种，采取自然群植方式，在大面积草坪中分隔出一个半封闭的空间，草坪汀步将人们从路的边缘引到了这个空间。

（二）混交树群

多种树木的组合。首先要考虑生态要求，从观赏角度来看，其构图要以自然界中美的植物群落为样本，林冠线要起伏错落，林缘线要曲折富有变化，树间距要有疏有密。

树群内植物的栽植距离要有疏密的变化，要构成不等边三角形，切忌成行、成排、成带地栽植；常绿、落叶、观叶、观花的树木，其混交的组合不宜采用带状混交，且面积不大，也不宜采用片状、块状混交，而应该用复层混交及小块混交与点状混交相结合的方式。树群内，树木的组合必须很好地结合生态条件，如有的地方在种植树群时，在玉兰下用了阳性的月季花作为下木，而将强阴性的桃叶珊瑚暴露在阳光之下，这是不恰当的。喜暖的植物应该配植在树群的南方和东南方。树群的外貌要有高低起伏的变化，要注意四季的季相变化和美观。

树群的树木数量较树丛要多，所表现的是群体美，树群也是构图的主景，因此树群应布置在靠近林缘的大草坪上、宽广的林中空地、水中的小岛及小山坡上。树群属于多层结构，水平郁闭度大，因此种间及株间关系就成为保持树群稳定性的主导因素。

六、园林风景林

凡成片、成块大量栽植的乔灌木，以构成林地和森林景观的称为林植，也叫树林。风景林是公园内较大规模成带成片的树林，是多种植物组成的一个完整的人工群落。风景林除着重树种的选择、搭配的美观之外，还要注意其具有防护功能。

（一）疏林

疏林的郁闭度在 0.4~0.6，它常与草地结合，故又称草地疏林。草地疏林是园林中应用最多的一种形式，系模仿自然界的疏林草地而形成，是吸引游人的地方。

树林一般选择生长健壮的单一品种的乔木，且具有较高的观赏价值；林下则为经过人工选择配置的木本或草本地被植物；草坪应具有含水量少、耐践踏、易修剪、不污染衣服等特点；疏林应以乡土树种为宜，其布置形式或疏或密或散或聚，形成一片淳朴、美丽、舒适、宜人的园林风景林。不论是鸟语花香的春天，浓荫蔽日的夏天，或是晴空万里的秋天，游人总是喜欢在林间草地上休息、游戏、看书、摄影、野餐、观景等。树木的种植要三五成群、疏密相间、有断有续、错落有致，构图上生动活泼，林下草坪应含水量少，坚韧耐践踏。最好秋季不枯黄，尽可能地让游人在草坪上多活动，一般不修建园路，但作为观赏用的嵌花草地疏林就应该有路可走。

（二）密林

密林的郁闭度在 0.7~1.0，一般阳光很少透入林下，土壤湿度大，地被植物含水量高。经不起踩踏，所以以观赏为主，并可起改变气候、保持水土等作用。密林可分为单纯密林和混交密林两种。

1. 单纯密林

具有简洁壮阔之美，但也缺乏丰富的色彩、季相和层次的变化，因此栽植时要靠起伏变化的地形来丰富林冠线与林缘线。林带边缘要适当配置观赏特性较突出的花灌木或花卉，林下可考虑点缀花草为其他地被植物增添艺术效果。

2. 混交密林

混交密林是多种植物构成的郁闭群落，其种间关系复杂而重要，大乔木、小乔木、大灌木、小灌木、地被植物根据自己的生态习性和互相的依存关系，形成不同层次。这样的树林季相丰富，林冠线、林缘线构图突出，但也应做到疏密有致，使游人在林下欣赏特有的幽邃深远之美。密林内部可以有道路通过，还可在局部留出空旷的草地，也可规划自然的林间溪流，并在适当的地方布置建筑作为景点。为了能使游人深入林地，密林内部有自然路通过，但沿路两旁的垂直郁闭度不宜太大，必要时还可以留出空旷的草坪，或利用林间溪流水体，种植水生花卉，也可以附设一些简单构筑物，以供游人做短暂休息之用。

3. 密林种植

大面积的可采用片状混交，小面积的多采用点状混交，一般不用带状混交。要注意常绿与落叶、乔本与灌木林的配合比例，还有植物对生态因子的要求等。单纯密林和混交密林在艺术效果上各有其特点，前者简洁，后者华丽，两者相互衬托，特点突出，因此不能偏废。从生物学的特性来看，混交密林比单纯密林好，园林中单纯密林不宜过多。

4. 乔灌木

乔灌木因其体量突出成为植物景观设计的主体，以上一些基本的配置形式通常结合进行，并因园林布局形式和规模的不同而有变化和不同要求。园林绿地或绿化空间不大时，群植尤其是林植方式不常用或不用，如小庭院的植物景观设计；而面积比较大时，应有林植类型，而且最好有混交密林等，如风景区、公园以及比较大的专用绿地等。另外，如果不是游憩功能和景观的特殊需要，应尽量采用复层结构的植物群落，同时要尽量与地被植物和花卉植物结合起来配置，唯其如此，才可能在景观效果和生态功能方面取得理想效果。

七、乔灌木的整形处理

整形的树木是为了使有强烈几何体形的建筑与周围自然环境取得过渡与统一。规则式的园林中，整形树木是建筑的组成部分，也是主要的栽植方式。树木的整形大致有以下几种类型：

（一）几何形的整形

把树木修剪成几何形体，用于花坛中心、强调轴线的主要道路两侧，有时也通过整形植物营造规则式的园林景观类型。

（二）动物体形整形

把植物修剪成各种动物的形状，一般用于构景中心，也常用在动物居舍的入口处，还可在儿童乐园内用整形的动物、建筑、绿墙等来构成一个童话世界。

（三）建筑体形整形

园林中应用树木整形成绿门、绿墙、亭子、透景窗等，使人虽置身于绿色植物中，却能体会到建筑空间的氛围。

（四）抽象式或半自然式整形

是在自然形的基础上稍加整理，形成曲线更流畅、枝叶更整齐的造型，或者融入一定的象征意义加以半自然的整形。如日本庭院中整形树木经常用于草坪上或枯山水园中，用沙代表海，用整形的植物代表海中的岛和山，这样的庭院也别具一番情趣。

树种选择及苗木准备在用于整形时需要与生长结合，所选苗木同时具有耐修剪、枝条易弯曲等特点，有些工序必须在苗圃中进行，待苗木长成一定的体形后再移植到园林中。

第二节　花卉的种植形式

花卉类植物虽然大小不如一般的乔灌木，但因其鲜艳的色彩和旺盛的生长力以及比较短的生长周期，为四季园林景观的营造和植物景观的丰富起到了重要作用，尤其对节日氛围的营造起到了很大的作用。

露地栽培的花卉是园林中应用较广的花卉种类之一，多以其丰富的色彩美化重点部位，形成园林景观。根据应用布置方式大概可以分为花丛和花群、花境和花坛几种形式。

一、花丛和花群

这种应用方式是将自然风景中野花散生于草坡的景观运用于城市园林，从而增加园林绿化的趣味性和观赏性。花丛和花群布置宜简单、应用灵活、量少为丛、丛连成群、繁简均宜。花卉选择高矮不限，但以茎干挺直、不易倒伏、花朵繁密、株形丰满整齐者为佳。花丛和花群常布置于开阔的草坪周围，成为林缘、树丛树群与草坪之间的纽带和过渡的桥梁，也可以布置在道路的转折处或点缀于院落之中，均能产生较好的观赏效果。同时，花丛和花群还可布置于河边、山坡、石旁，使景观生动自然。

二、花境

花境是由多种花卉组成的带状自然式布置，这是根据自然风景中花卉自然生长的规律，加以艺术提炼而应用于园林的形式。花境花卉种类多、色彩丰富，具有山林野趣，观赏效果十分显著。按花境的观赏形式可以分为单面观赏花境和双面观赏花境。单面观赏花境多以树丛、树群、绿篱或建筑物的墙体为背景，植物配置上前低后高以利于观赏。双面花境多设置于草坪或树丛间，两边都有步道，供两面观赏，植物配置采取中间高两边低的方法，各种花卉呈自然斑状混交。

花境中各种花卉在配置时既要考虑到同一季节中彼此的色彩、姿态、体型、数量的调和与对比，也要考虑花境整体构图的完整性，同时还要求在一年之中随着季节的变换而显现不同的季相特征，使人们产生时序感。适应布置花境的植物材料很多，既包括一年生的花卉，也包括宿根、球根花卉，还可采用一些生长低矮、色彩艳丽的花灌木或观叶植物。其中既有观花的，也有观叶的，甚至还有观果的。特别是宿根和球根花卉能较好地满足花境的要求，并且维护管理比较省工。由于花境布置后可多年生长，不需经常更换，若想获得理想的四季景观，必须在种植规划时深入了解和掌握各种花卉的生态习性、外观表现及花期、花色等，对所选用的植物材料具有较强的感性认识，并能预见配置后产生的景观效果，只有这样才能合理安排，巧妙配置，体现出花境的景观效果。如郁金香、风信子、荷包牡丹及耧斗菜类仅在上半年生长，在炎热的夏季即进入休眠，花境中应用这些花卉时，需要在林丛间配植一些夏秋生长茂盛而春末夏初又不影响其生长与观赏的其他花卉，这样整个花境就不至于出现衰败的景象。再如石蒜类的植物根系较深，属先花后叶花卉，如能与浅根性、茎叶葱绿而匍地生长的爬景天混植，不仅相互生长不受影响而且爬景天茎叶对石蒜类花的衬托，使景观效果显著提高。花境设计时相邻的花卉色彩要能很好搭配，长势强弱与繁衍的速度应大致相似，以利于长久稳定地发挥花境的观赏效果。花境的边缘即花境种植的界限，既确定了花境的种植范围，又便于周围草坪的修剪和周边的整理清扫。依据花境所处的环境不同，边缘可以是自然曲线，也可以采用直线。高床的边缘可用石头、砖头等垒砌而成，平床多用低矮致密的植物镶边，也可用草坪带镶边。

三、花坛

花坛多设于广场和道路的中央分车带、两侧以及公园、机关单位、学校等观赏游览地段和办公教育场所，应用十分广泛。主要采取规则式布置，有单独或连续带状及成群组合等类型。花坛内部所组成的纹样多采用对称的图案，并要保持鲜艳的色彩和整齐的轮廓。一般选用植株低矮、生长整齐、花期集中、株形紧密、花或叶观赏价值高的种类，常选用一、二年生花卉或球根花卉。植株的高度与形状，对花坛纹样与图案的表现效果有密切关系，如低矮而株丛较小的花卉，适合于表现平面图案的变化，可以显示出较细致的花纹，故可用于模纹花坛的布置，如五色苋类、三色堇、雏菊、半枝莲等，草坪也可以用来镶嵌配合布置。

（一）花丛花坛

花丛花坛以表现开花时的整体效果为目的，展示不同花卉或品种的群体及其相互配合所形成的绚丽色彩与优美外貌。因此要做到图样简洁、轮廓鲜明才能获得良好的效果。选用的花卉以花朵繁茂、色彩鲜艳的种类为主，如金盏菊、金鱼草、三色堇、矮牵牛、万寿菊、孔雀草、鸡冠花、一串红、百日草、石竹、福禄考、菊花、水仙、郁金香、风信子等。在配置时应注意陪衬种类要单一，花色要协调，每种花色相同的花卉布置成一块，不能混种在一起，形成大杂烩。花坛中心宜用较高大而整齐的花卉材料，如美人蕉、扫帚草、毛地黄、金鱼草等。花坛的边缘也常用矮小的灌木绿篱或常绿草本作镶边栽植，如雀舌黄杨、紫叶小檗、沿阶草、土麦冬等，也可用草坪作镶边材料。

（二）模纹花坛

模纹花坛又叫毛毡花坛。此种花坛是以色彩鲜艳的各种矮生性、多花性的草花或观叶草本为主，在一个平面上栽种出种种图案来，看上去犹如地毡。花坛外形均是规则的几何图形。花坛内图案除用大量矮生性草花外，也可配置一定的草皮或建筑材料，如色砂、瓷砖等，使图案色彩更加突出。这种花坛是要通过不同花卉色彩的对比，体现平面图案美，所以，所栽植的花卉要以叶细小茂密、耐修剪为宜。如半枝莲、香雪球、矮性藿香蓟、彩叶草、石莲花和五色草等。其中以五色草配置的花坛效果最好。

在模纹花坛的中心部分，在不妨碍视线的条件下，还可选用整形的小灌木、桧柏、小叶黄杨以及苏铁、龙舌兰等。当然也可用其他装饰材料来点缀，如形象雕塑、建筑小品、水池和喷泉等。

（三）花台

将花卉栽植于高出地面的台座上，类似花坛但面积较小，也可以看成一种较窄但较高的花坛，我国古典园林中这种应用方式较多。现在多应用于庭院，上植草花做整形式布置，由于面积狭小，一个花台内常只布置一种花卉。因花台高出地面，故选用的花卉株形较矮、繁密匍匐或茎叶下垂于台壁，如玉簪、芍药、鸢尾、兰花、沿阶草等。

（四）花钵

花钵可以说是活动花坛，它是随着现代化城市的发展和花卉种植施工手段逐步完善而推出的花卉应用形式。花卉的种植钵造型美观大方，纹饰以简洁的灰、白色调为宜，从造型上看，有圆形、方形、高脚杯形，以及由数个种植钵拼组成六角形、八角形、菱形等图案，也有木制的种植箱、花车等形式，造型新颖别致、丰富多彩，钵内放置营养土用于栽植花卉。这种种植钵移动方便，里面花卉可以随季节变换，使用方便灵活、装饰效果好，是深受欢迎的新型花卉种植形式。主要摆放在广场、街道及建筑物前进行装点。这种种植形式施工容易，能够迅速形成景观，符合现代化城市发展的需要。

花钵选用的植物种类十分广泛，如一、二年生花卉、球根花卉、宿根花卉及蔓生性植物都可应用。应用时选用应时的花卉作为种植材料，如春季用石竹、金盏菊、雏菊、郁金香、水仙、风信子等；夏季用虞美人、美女樱、百日草、花菱草等；秋季用矮牵牛、一串红、鸡冠花、菊花等。所用花卉的形态和质感要与钵的造型相协调，色彩上有所对比。如白色的种植钵与红、橙等暖色系花搭配会产生艳丽、欢快的气氛，与蓝、紫等冷色系花搭配会给人宁静素雅的感觉。

四、盆栽花卉的装饰应用

温室花卉一般盆栽观赏，以便冬季到来时移入温室内防寒。盆栽花卉既可于温暖季节用来布置装饰室外环境，也可用于布置室内，应用方便灵活，使用也越来越多。盆栽花卉的装饰应用场景概括起来有以下几个方面：

（一）公共场所的花卉装饰

机场、车站、码头、广场、宾馆、饭店、影剧院、体育馆、大礼堂、博物馆及其他场所，都需要用花卉来美化装饰。这些场所的花卉装饰起点缀作用，应用时首先要以不妨碍交通和不给人们造成不便为原则，其次选择的花卉材料要与周围的环境和使用的性质相一致。如举行庆祝的会场布置，应该色彩鲜艳，烘托喜庆气氛，而展览陈列室则以淡雅素朴的花卉为宜，休息厅应进行最精致的花卉装饰，因为人们在休息时会去欣赏或品评所布置的花卉。另外，还要了解花卉的习性，特别是对光的要求，如酢浆草、五色梅需在阳光直射的情况下才能开放，若放在较暗的室内，就会失去其装饰效果。

（二）私人居室的花卉装饰

居住建筑中花卉装饰主要应用于卧室、客厅、阳台、餐厅等处。阳台是摆放盆花进行装饰的理想地点，因为阳台的光线相对比较充足，可摆放一些喜光的观赏花卉。室内通常以耐阴的常绿观叶植物进行布置和装饰，以调和室内布局，增添居室的生机。布置时要注意不妨碍人的活动。几案、柜橱上陈列的花卉以小巧玲珑为上，数量不宜多，但质量要高。

（三）温室专类园布置

为满足人们对温室花卉的观赏需要，可以专门开辟观赏温室区，置热带、亚热带花卉供参观游览。如兰花和热带兰、仙人掌类及多浆植物等种类繁多、观赏价值高、生态习性接近的花卉可布置成专类园的形式；而对温度要求不太高的植物，如棕榈、苏铁等，可用来布置室内花园等场所。

第三节　藤蔓植物的栽植与应用

藤蔓植物是指茎干柔弱、不能独自直立生长的藤本和蔓生植物，可分为攀缘植物、匍匐植物、垂吊植物等。藤蔓植物或以叶取胜，如叶形别致的龟背竹、叶色常绿的常春藤；或以花迷人，如花形奇特的油麻藤、花色艳丽的凌霄花；或重在观果，如果形有趣的葫芦，果色多样的葡萄等。藤蔓植物能迅速增加绿化面积，多方改善环境条件，在园林绿化尤其是在立体绿化中具有广泛用途。

一、应用原则

（一）选材恰当，适地适栽

不同的植物对生态环境有不同的要求和适应能力，环境适宜则生长良好，否则便生长不良甚至死亡。生态环境又是由各不相同的温、光、水、土等条件组成的综合环境，千差万别。因此，在栽培应用时首先要选择适应当地条件的种类，即选用生态要求与当地条件吻合的种类。从外地引种时，最好先做引种试验或少量栽培，成功后再大量推广。把当地野生的乡土植物引入庭园栽培，尽管各生态条件基本一致，但常常由于小环境的不同，某些重要生态条件，如光照、空气湿度差异较大，对引种的成败起关键作用，必须高度注意。例如，原生长于林下的种类不耐强光直射；生长于山谷间者，需要很高的空气湿度才能正常生长等。

从外地引种，若不知道该植物对环境条件的具体要求时，通常采取了解其原产地及其生境来判断，从原产地的地理位置、海拔高度便可知道其温度、空气湿度的大体情况，例如，我国引种的植物中，有许多来自原产于南美洲的种类，都有喜热怕寒的习性。从具体的生境可更深入地推断其对光照、水分、土壤等的具体要求，草坡、林下、溪流边、崖壁的生态条件是各不相同的。

（二）自然美与意蕴美相结合

应用时，要同时关注科学性与艺术性两个方面，在满足植物生态要求，发挥植物对环境的生态功能的同时，通过植物的自然美和意蕴美要素来体现植物对环境的美化装饰作用，也是观赏植物应用的一个重要特点。

攀缘、匍匐、垂吊植物种类繁多，姿态各异，通过茎、叶、花、果在形态、色彩、芳香、质感等方面的特点及其整体构成表现出各种自然美。例如，紫藤老茎盘曲蜿蜒，有若龙盘蛟舞；羽叶茑萝枝叶纤丽，似碧纱披拂，点缀鲜红小花，更显娇艳；花叶常春藤的自然下垂给人以轻柔、飘逸感；龟背竹、麒麟尾等叶宽大而形奇，给人以豪放、潇洒、新奇感。形与色的完美结合是观赏植物能取得良好视觉美感的重要原因，不同色彩的花、叶可以形成不同的审美心理感受，红、橙、黄色常具有温暖、热烈、兴奋感，会产生热烈的气氛；绿、紫、蓝、白色常使人感觉清凉、宁静，使环境有静雅的氛围。植物以绿色作为大自然赋予的主基调，同时又以多彩的花、果、叶的动态形式向人们展现出美的形象。除视觉形象外，很多花、果、叶甚至整个植株还发出清香、甜香、浓香、幽香等多种香味，引起人的嗅觉美感。攀缘、匍匐、垂吊植物，除具有一般直立植物形、色、香的特点外，它们的体态更显纤弱、飘逸、婀娜，备受人们钟爱。

植物除了自然美外，很多传统的观赏植物还富有意蕴美，其含义与通常所说的联想美、含蓄美、寓言美、象征美、意境美相近，其审美特征在于将植物的自然形象与一定的社会文化、传统理念相联系，以物寓意、托物言情，使植物形象成为某种社会文化、价值观的载体，历来为文人墨客、丹青妙手所垂青。在我国，这方面较为典型的藤蔓植物有紫藤、凌霄、十姊妹、木香、素馨、迎春、忍冬等。由于具有一定的传统文化载体功能，这些植物在自然形态美的基础上又具有了丰富的意蕴美内涵。

通过植物自然美和意蕴美与环境的协调配合，来体现植物对环境的美化装饰作用，这是观赏植物，也是攀缘、匍匐、垂吊植物应用于观赏园艺的一个重要方面。

（三）突出生态效应

应用攀缘、匍匐、垂吊植物时，除考虑其生态习性、观赏特性外，植物对生态环境的改善也是环境绿化的重要目的。攀缘、匍匐、垂吊植物同其他植物一样具有调节环境温度、湿度、杀菌、减噪、抗污染、平衡空气中 O_2 与 CO_2 等多种生态功能。且因习性特殊，能在一般直立生长植物无法存在的场所出现，更具有独到的生态效应。由于在形态、生态习性、应用形式上的差异，不同的攀缘、匍匐、垂吊植物对环境生态功能的发挥不尽相同。

二、应用形式

攀缘、匍匐、垂吊植物的应用形式与内容要根据环境特点、建筑物的不同类型、绿化功能要求，结合植物的生态习性、体量大小、寿命长短、生长速度、物候变化、观赏特点选用适宜的类型和具体种类，也可根据不同类型植物的特点设计和制作相应的设施，如各式栅栏、格子架、花架、种植槽、吊挂容器等，使植物、构筑物、环境之间实现科学与艺术的统一。不同的绿化场所中攀缘、匍匐、垂吊植物有以下常见应用形式：

（一）绿柱

对于灯柱、廊柱、大树干等粗大的柱形物体，可选用缠绕类或吸附类攀缘植物盘绕或包裹柱形物体，形成绿线、绿柱、花柱。藤盘柱的绿化更亲近自然，大型藤本，如落葵薯、常绿油麻藤等有时可将树体全部覆盖。

（二）绿廊、绿门

选用攀缘植物种植于廊的两侧并设置相应攀附物使植物攀附而上并覆盖廊顶形成绿廊。也可于廊顶设置种植槽，选植攀缘、匍匐、垂吊植物中一些种类，使枝蔓向下垂挂，形成绿帘或垂吊景观。廊顶设槽种植，由于位置关系和土壤体积等情况限制，在养护管理上较为困难，应视廊的结构、具体环境条件、养护手段来设计和选用。也可在门梁上用攀缘植物绿化，形成绿门。

（三）棚架

棚架是园林绿化中最常见、结构造型最丰富的构筑物之一。生长旺盛、枝叶茂密、开花观果的攀缘植物是花架绿化的基本物质基础，可应用的种类达百种以上，常见如紫藤、藤本月季、十姊妹、油麻藤、炮仗花、忍冬、叶子花、葡萄、络石、凌霄、铁线莲、葫芦、猕猴桃、牵牛花、茑萝、使君子等。具体应用时，还应根据缠绕、卷攀、吸附、棘刺等不同类型及木本、草本不同习性，结合花架大小、形状、构成材料综合考虑，选择适应的植物种类和种植方式。如杆、绳结构的小型花架，宜配置蔓茎较细、体量较轻的种类；对于砖、木、钢筋混凝土结构的大、中型花架，则宜选用寿命长、体量大的藤木种类；对只需夏季遮阴或临时性花架，则宜选用生长快，一年生草本或冬季落叶类型。对于卷攀型、吸附型植物，棚架上要多设些间隔适当、便于吸附、卷缠之物；对于缠绕型、棘刺型植物则应考虑适宜的缠绕、支撑结构并在初期对植物加以人工辅助和牵引。

（四）绿亭

绿亭也可视为花架的一种特殊形式。通常是在亭阁形状的支架四周种植生长旺盛、枝叶致密的攀缘类植物，形成绿亭。

（五）篱垣与栅栏绿化

篱垣与栅栏都是具有围墙或屏障功能，但结构上又具有开放性与通透性的构筑物。它们结构多样：有传统的竹篱笆、木栅栏或砖砌成的镂空矮墙；也有现代的钢筋、钢管、铸铁制成的铁栅栏和铁丝网搭制成的铁篱；也有塑性钢筋混凝土制作成的水泥栅栏以及仿木、仿竹形式的栅栏。使植物攀缘、披垂或凭靠篱垣栅栏形成绿墙、花墙、绿篱、绿栏。除生态效益外，它们比光秃秃的篱笆或栅栏更显自然、和谐，更生机勃勃。能应用于篱垣与栅栏绿化的植物种类很多，主要为攀缘类及垂吊植物中的一些俯垂型种类，常应用的如藤本月季、十姊妹、木香、叶子花、云南黄素馨、爬山虎、岩爬藤、素馨、牵牛、茑萝、丝瓜、文竹等。

（六）墙面绿化

墙面绿化泛指建筑物墙面以及各种实体围墙表面的绿化。墙面绿化除具有生态功能外，也是一种建筑外表的装饰艺术。

用吸附型攀缘植物直接攀附墙面，是常见而经济实用的墙面绿化方式。不同植物吸附能力不尽相同，应用时需了解各种墙面表层的特点与植物吸附能力的关系，墙面越粗糙对植物攀附越有利。在清水墙、水泥砂浆、水刷石、条石、块石、假石等墙面，多数吸附型攀缘植物均能攀附，但具有黏性吸盘的爬山虎、岩爬藤和聚气生根的常春藤等的吸附能力更强，有的甚至能吸附于玻璃幕墙之上。

墙面绿化除采用直接附壁的形式外，也可在墙面安装条状或网状支架供植物攀附，使许多卷攀型、钩刺型、缠绕型植物都可借支架绿化墙面。支架安装可采用在墙面钻孔后用膨胀螺栓固定，预埋于墙内；凿砖、打木楔、钉钉拉铅丝等方式进行安装。支架形式要考虑有利于植物的缠绕、卷攀、钩刺攀附，及便于人工缚扎牵引和以后的养护管理。

用钩钉、骑马钉、胶粘等人工辅助方式也可使无吸附能力的植物茎蔓直接附壁，但难以大面积进行，可酌情用于墙面的局部装饰并需考虑墙面的温度等生态条件。

墙面绿化还可采用披垂或悬垂的形式。如可在墙的顶部或墙面设花槽、花斗、选植蔓生性强的攀缘、匍匐以及俯垂型植物，如常春藤、忍冬、木香、蔓长春花、云南黄素馨、紫竹梅等，使其枝叶从上披垂或悬垂而下。也可在墙的一侧种植攀缘植物，使之越墙披垂于墙的另一侧，使墙的两面披绿并绿化墙顶。

（七）　屋顶屋面绿化

屋顶绿化常见的形式有地被覆盖、棚架、垂挂等形式。可铺设人工合成种植土的平顶屋面，可选择匍匐、攀缘类植物做地被式栽培，形成绿色地毯。屋面不能铺设土层的，也可在屋顶设种植地，种植攀缘植物，任其在屋面蔓延覆盖，对楼层不高的建筑或平房也可采用地面种植，牵引至房顶覆盖或经由屋面墙壁而覆屋顶的方式。在平屋顶建棚架，选用攀缘类形成绿棚，一可遮阴降暑，二可美化屋顶，提供纳凉休闲场所，若选用葡萄、瓜类、豆类，在果甜瓜熟时倍增生活情趣。屋顶女儿墙、檐口和雨篷边缘墙外管道还可选用适宜攀缘、俯垂植物，如常春藤、蔓长春花、云南黄素馨、爬山虎、十姊妹等进行悬垂式绿化。

在屋顶上种植植物有别于在地面上种植，应选择适应性强、耐热、抗寒、抗风、耐旱的阳性至中性的植物种类，并最好用吸附型植物。

攀缘、匍匐植物体量轻，占用种植面积少、蔓延面积大，在有限土壤容积、有限承载力的屋顶上，利用攀缘、匍匐植物绿化是经济有效的绿化途径之一。

（八）　阳台、窗台绿化

阳台、窗台绿化是城市及家庭绿化的重要内容，目前很多建筑在建造之时，就考虑了花槽、花架的设置以便于绿化与美化。

阳台、窗台绿化除摆设盆花外，常用绳索、竹竿、木条或金属线材构成一定形式的网棚、支架，选用缠绕或卷攀型植物攀附形成绿屏或绿棚。适宜植物如牵牛、茑萝、忍冬、鸡蛋果、西番莲、丝瓜、苦瓜、葫芦、葡萄、紫藤、络石、素馨、文竹等。不设花架，也可利用花槽或花盆栽种蔷薇、藤本月季、迎春、蔓长春花、常春藤、花叶常春藤、非洲天门冬等植物披垂或悬垂于台外，起到绿化、美化阳台、窗台外侧的作用。种植吸附型藤蔓，如爬山虎、常春藤、崖爬藤，把它们的藤蔓导引于阳台外侧栏板、栅柱及阳台、窗台两侧墙面上，可在台外形成附壁绿化带。

在阳台顶部或窗框上部设置若干吊钩，挂上数盆用网套或绳索连接，枝蔓悬垂的盆栽、攀缘、匍匐植物能对阳台、窗台上层空间起到装饰美化作用。这种绿化装饰方式要求吊盆装饰性要强，网套、吊绳也要美观、坚实、耐用。

（九）　山石绿化

在假山、山石的局部用攀缘、匍匐、垂吊植物中的一些种类攀附其上，能使山石生姿，更富自然情趣。藤蔓与山石的配置是我国传统园林中常用的手法之一，有时还以白粉墙相衬，使之在形式上更添诗情画意，常应用的植物有垂盆草、凹叶景天、石楠藤、紫藤、凌霄、络石、薜荔、爬山虎、常春藤等。

（十）护坡、堡坎绿化

护坡与堡坎绿化是城市立体绿化，特别是地形、地貌复杂多变的山地城市绿化的一个重要内容。广义的护坡绿化包括地形起伏大的自然缓坡、陡坡、岩面及道路、河道两旁的坡地、堡坎、堤岸等地段。护坡绿化可选用适宜的匍匐类、攀缘类植物植于坡底或坡面，使其在坡面蔓延生长形成覆盖坡面的地被。对于堡坎、坡坎、堤岸等地段，可选用攀缘型或垂吊植物中的俯垂型植物植于坡坎顶部边缘，使其枝蔓向下垂挂，覆盖坡坎，或采用类似墙面附壁绿化形式用吸附型藤蔓攀附坡坎而起到护坡绿化和美化装饰的作用。在实际运用中，上述两种形式可根据地形和土壤状况因地制宜结合使用，两种方法互为补充。

（十一）花坛、地被应用

攀缘、匍匐、垂吊植物均可依花坛的设计形式选作花坛配置材料，例如，攀缘类型可通过人工的牵引、缠绕、绑扎，使藤蔓覆于动物造型或其他几何式的三维立体框架表面，形成立体造型，应用于花坛之中。牵牛、茑萝、金莲花等，常于花坛中作铺地用。

地被植物是园林绿地的重要组成部分。匍匐茎型的植物一般均可用作地被植物，如草、地瓜藤、草莓、蛇莓、活血丹、裸头过路黄、旱金莲、紫竹梅等。攀缘类植物常在绿地中作垂直绿化布置，实际上其中不少种类作地被效果也很好。如地瓜藤、紫藤、常春藤、蔓长春花、地锦、铁线莲、络石等均可用作林缘、疏林下、林下、路旁地被。

（十二）草坪绿地应用

人工草坪所用植物，几乎全部为禾本科及少数莎草科种类。禾本科的匍匐茎型类植物，如狗牙根、美洲钝叶草、假俭草等应用十分广泛。以禾草类铺设草坪有生长迅速、成绿快捷、细密平整、耐镇压践踏和易修剪保养等优越性，非一般阔叶草本所能及。唯暖季型草类入冬后枯黄，冷季型草类又多入夏即枯，难以保持周年鲜绿，如大面积应用则景观效果较差，且需不断修剪才能保持平整，费工多。一些双子叶匍匐草本，如火炭母、天胡荽、马蹄金、活血丹等，叶片较小，匍匐性好，蔓延生长迅速，不需修剪，在我国南方无霜地区四季常青，适宜做成观赏草坪，有其独特性与优越性。但它们较喜荫蔽湿润，耐强光直晒与耐干旱能力不及许多禾草，应用时要选择环境并加强护理。如昆明的实践证明，马蹄金是优秀的观赏草坪草种，已迅速扩大应用。

第四节　水生植物的栽植与应用

能在水中生长的植物，统称为水生植物。水生植物是出色的游泳运动员或潜水者。叶子柔软而透明，有的形成为丝状，如金鱼藻。丝状叶可以大大增加与水的接触面积，使叶子能最大限度地得到水里微弱的光照，吸收水里溶解得少量的二氧化碳，保证光合作用的进行。

根据水生植物的生活方式，一般将其分为以下几大类：挺水植物、浮叶植物、沉水植物、漂浮植物以及湿生植物。水生植物的恢复与重建在淡水生态系统的稳态转化（从浊水到清水）中具有重要作用，是水生态修复的主要措施。

与其他植物不同，水生植物很少是单独为了观赏而种植的。几乎所有的水生植物对于创建良好的生态系统都很重要，而良好的生态环境则是保持水体美观的基础。要做到这一点，就需要合理平衡配置不同的水生植物来调节光线、氧气以及营养水平，以便创造适于动物和植物都能繁荣生长的水生环境。

一、水生植物的形态特征

水生植物的细胞间隙特别发达，经常还发育有特殊的通气组织，以保证在植株的水下部分能有足够的氧气。水生植物的通气组织有开放式和封闭式两大类。莲等植物的通气组织属于开放式的，空气从叶片的气孔进入后能通过茎和叶的通气组织，从而进入地下茎和根部的气室。整个通气组织通过气孔直接与外界的空气进行交流。金鱼藻等植物的通气组织是封闭式的，它不与外界大气连通，只贮存光合作用产生的氧气供呼吸作用之用，以及呼吸作用产生的二氧化碳供光合作用之用。

水生植物的叶面积通常增大，表皮发育微弱，甚至有的几乎没有表皮。沉没在水中的叶片部分表皮上没有气孔，而浮在水面上的叶片表面气孔则常常增多。此外，沉没在水中的叶子同化组织没有栅栏组织与海绵组织的分化。水生植物叶子的这些特点都是适应水物种分布中弱光、缺氧的环境条件的结果。水生植物在水中的叶片还常常分裂成带状或丝状，以增加对光、二氧化碳和无机盐类的吸收面积。同时这些非常薄、强烈分裂的叶片能充分吸收水体中丰富的无机盐和二氧化碳。爵床科的水罗兰就是一个典型的例子。它的叶片分为两型叶,水面上的叶片能够进行正常的光合作用,而沉没在水中的、强烈分裂的叶片还能发挥吸收无机盐的作用。

水生植物另一个突出特点是具有很发达的通气组织,莲藕就是最典型的例子。莲藕的叶柄和藕中有很多孔眼,这就是通气道。孔眼与孔眼相连,彼此贯穿形成一个输送气体的通道网。这样,即使长在不含氧气或氧气缺乏的污泥中,仍可以生存下来。通气组织还可以增加浮力,维持身体平衡,这对水生植物也非常有利。水是生命的摇篮。在水生环境中还有种类众多的藻类及各种水草,它们是牲畜的饲料、鱼类的食料或鱼类繁殖的场所。

由于长期适应于水环境,生活在静水或流动很慢的水体中的植物茎内的机械组织几乎完全消失。根系的发育非常微弱,甚至有的几乎没有根,其原因是水中的叶代替了根的吸收功能,如狐尾藻。

水生植物以营养繁殖为主,如常见的作为饲料的水浮莲和凤眼莲等。有些水生植物虽然不能营养繁殖,但是可以依靠水授粉,如苦草。

二、水生植物常见生态群落的组成

水生植物的茎、叶、花、果都有较高的观赏价值,水生植物的配置可以打破园林水面的平静,为水面增添情趣;还可以减少水面蒸发,改良水质;而且水生植物管理粗放,并有较高的经济价值。在园林水景中水生植物按其生活习性和生态环境可分为浮叶植物、挺水植物、沉水植物(观赏水草)及海生植物(红树林)等。

水生植物群落是在一定区域内,由群居在一起的各种水生植物种群构成的有规律的组合。它具有一定的种类组成、结构和数量,并在植物之间以及植物与环境之间,构成一定的相互关系,了解这一点有助于园林水景的设计。

(一)浮水植物群落

浮叶植物能适应水面上的漂浮生活,主要在于它们形成了与其相适应的形态结构,如植物体内储存大量的气体或具特殊的储气机构等。菱和水浮莲的叶柄中间膨大呈葫芦状,这样的储气组织可大大减轻体重,使植株或叶片漂浮于水面而不下沉。如睡莲群落主要分布在湖塘的静水区,在沼泽的低洼处也能生长。它既以单独群落独秀于湖面,也能与菱、眼子菜、藻类共生于池塘中。王莲主要是人工栽培，由于叶片硕大，繁殖快，常独占池塘水面而形成单种群落；菱角群落广布于全国各地池塘湖泊，在南方常与水皮莲、金银莲花等为邻，而北方则有两栖蓼、荇菜、浮叶慈姑等伴生其中；凤眼莲群落主要是人工栽培，因繁殖迅速常独占水面，只在边缘有槐叶萍、满江红等浮叶植物，它们形成各具特性的群落。

（二）挺水植物群落

挺水植物群落主要分布在沼泽地及湖、河、塘等近岸的浅水处。它们的营养繁殖力极强，地下茎可不断产生新植株，且个体非常密集而成绝对优势，以致其他植物因得不到阳光和空间而无法生存。如荷花群落一般生活在水深 1.2m 以下的水域，因营养繁殖快及生长势旺盛，常排斥其他植物而成单独群落。芦苇群落广布全国各地，自华南的池塘到东北的沼泽地；从江浙平原的水域到西北高原的河溪沟均有分布，只是群落的周边伴生有禾本科和莎草科植物。菖蒲群落常呈小丛植株生长于池塘、湖泊及溪河近岸的浅水处，伴生有泽泻、苏等水生植物。而黑三菱、香蒲、水葱、杉叶藻等群落也与此相类似。

（三）沉水植物群落

沉水植物的生活特性，因它们的种类不同，各自的群落分布也有差异。如黑藻群落既能生活在静水池塘，也能生长在流动的溪河中，有金鱼藻、茨藻伴生。黑藻群落分布极广，无论山区小溪还是平原的溪河中，都是它们生长的好场所。

而黄花狸藻群落一般生活在略带酸性的浅水中。为了适应这种氮素较缺乏的环境，经过长期的演化过程，部分叶子变成了捕虫囊，囊内细胞能分泌出有麻醉作用的黏液及消化酶，将误入囊内的小虫消化吸收，用以补充自己所需要的氮素，故称食虫植物。夏秋季节，黄花狸藻的花序挺出水面，其上有数朵小黄花，常有荇菜、茨藻混生其内。除此以外，还有水毛茛、海菜花、椒草等群落。

（四）红树林群落

红树林群落主要分布于我国热带海岸，一般冬季要求水温保持在 18~23℃。我国华南沿海处在热带的边缘，远不如距赤道中心马来半岛的红树林生长旺盛。广东、海南、福建的红树林多为灌木林，如海莲、木榄、红树、角果木、桐花树、老鼠筋、水椰等。在涨潮时，海水可将这些植物的全部或部分树冠淹没，而退潮后它们则挺立在有机质丰富的淤泥海滩上，它们还具有发达的支柱根、呼吸根或板根。胎生的幼苗随海浪漂流到新的海滩扎根生长。

三、水生植物种植设计要点

（一）数量适当、有断有续、有疏有密

一般面积小的水面，水生植物所占面积不宜超过 $1m^2$，一定要留有充足的水面，以产生倒影效果，且不妨碍水上的运动。切忌种满一池或沿岸种满一圈，如有特殊需要，种植面积也不能超过水面的 1/3。

（二）因地制宜、合理搭配

根据水面性质和水生植物的习性，因地制宜地选择植物种类，注重观赏、经济与水质改良三方面的结合。可以单一种类配置，如建立荷花水景区。若为几种水生植物混合配置，则要讲究搭配关系，既要考虑水生植物生态习性，又要考虑其观赏效果，并考虑它们在一起的主次关系。如香蒲与慈姑配植在一起，有高矮之变化，不互相干扰，易为人们欣赏；而将香蒲与荷花配置在一起，因两者高矮相差不多，搭配在一起互相干扰，故显得凌乱。

（三）安置设施，控制生长

为了控制水生植物的生长，常需在水下安置一些工程设施。最常用的是水生植物种植床，简单地设砖或混凝土支墩，把盆栽水生植物放在墩上，如果水浅可不用墩。这种方法在小水面且种植数量少的情况下适用。如大面积种植，可用耐水湿的建筑材料做水生植物栽植床，以控制生长范围。在规则式水面上种植水生植物，多用混凝土栽植台，按照水的不同深度要求进行分层设置，也可用缸栽植，排成图案，形成水上花坛。规则式水面中的水生植物，要求其种植的观赏价值要高，如荷花、睡莲、黄菖蒲、千屈菜等。

第五节　园林植物的观赏特性

一、园林植物微观的观赏特性

通常所见的园林植物，是由根、干、枝、花和果实（种子）所组成的。根、干、枝、叶部分都与植物的营养有关，它们是植物的营养器官。而花和果是植物的繁殖器官。这些不同的器官或整体，有其典型的形态和色彩，并在夏季呈深绿

色，但到了深秋就会变成深浅不同的红色。松树在幼龄期和壮龄期，其树姿端正苍翠，而到了老龄期则枝娇顶兀，枝叶盘结。植物一系列的色彩与形象变化，使得园林景观得以丰富和变化。因此，我们必须掌握植物不同时期的观赏特性与变化规律，并充分利用其叶容、花貌、色彩、芳香及树干姿态等，以构成特定环境的园林艺术效果。

典型的根生长在土壤之中，其观赏价值不大，而只有某些特别发达的树种，它的根部高高隆起，突出地面，并盘根错节，颇具观赏价值。也有些植物的根系，因负有特殊的机能可不在土壤中生长，其形态自然也有所改变。例如，榕树类盘根错节、郁郁葱葱，树上布满气生根，并倒挂下来，犹如珠帘下垂，当其落至地上又可生长成粗大的树干，异常奇特，能给人以新奇之感。

树干的观赏价值与其姿态、色彩、高度、质感和经济价值都有着密切关系。银杏、香樟、珊瑚朴、银桦等主干通直、气势轩昂、整齐壮观，它们是很好的行道树种；白皮松树形秀丽，为极优美的观赏树种；梧桐树则皮绿干直，而紫薇细腻光滑；它们都具有较高的观赏价值。

树枝是树冠的"骨骼"，树枝的粗细、长短、数量和分支角度的大小，都直接影响着树冠的形状和树姿的优美与否。如油松侧枝轮生，成水平伸出，使树冠组成层状，尤其老树更苍劲。而柳树小枝下垂，轻盈婀娜，摇曳生姿。一些落叶乔木，冬季枝条像图画一样的清晰，衬托在蔚蓝的天空或晶莹的雪地之上时，便具有极高的观赏价值。

叶的观赏价值主要在于叶形和叶色，一般叶形给人的印象并不深刻，然而奇特的叶形或特大的叶形往往容易引起人的注意。如鹅掌楸、银杏、王莲、苏铁、棕榈、荷叶、芭蕉、龟背竹、八角金盘等的叶形具有一定的观赏价值。春夏之际大部分树叶的颜色是绿色，只不过浓淡不同而已；常绿针叶树多呈蓝绿色，阔叶落叶树多呈黄绿色，但到了深秋，很多落叶树的叶就会变成不同深度的橙红色、紫红色、棕黄色和柠檬色等。

花是植物的有性生殖器官，种类繁多，可谓争奇斗艳，其姿态、色彩和芳香对人的精神有着很大的影响，如白玉兰一树千花；荷花丽质高洁、姿色迷人；梅花姿、色、香俱全。其他如春有桃花映红，夏有石榴红似火，秋有金桂香郁馥，冬有蜡梅飘香、山茶吐艳。当秋季硕果累累时，不仅到处散发着果香，还呈现出金黄、艳红的色彩，为园林平添景色。如能搭配得当，效果更佳。

二、园林植物宏观观赏特性

就园林植物宏观的观赏特性而言，主要是指植物的大小、形态、色彩、质地和树叶的类型等。

（一）植物的大小

主要是指其高宽尺度或体量的大小，这种因素对人们的视觉影响是显著的。按照植物大小标准可将植物分为六类：大中型乔木（9～12m）、小乔木和装饰植物（4.5～8m）、高灌木（3～4.5m）、中灌木（1～2m）、矮小灌木（1m左右）和地被植物（30cm左右）。

大中型乔木在景观中的功能作用有以下几点：①因其高大的体量而引人注目，成为某一布局中的主景或充当视线的焦点；②（空间界定方面）在顶平面或垂直面上形成封闭空间；③在景观功能中还被用来提供荫凉（用来充当遮阴树）。

小乔木和装饰植物的景观功能：①能从垂直面和顶平面两方面限制空间，由于大部分树木分枝点低，因而其密集的枝干能在垂直面上暗示甚至封闭空间边界；②这类植物因其美丽的姿态和花果成为视觉焦点和构图中心。

高灌木的景观功能作用：①许多高灌木能组合在一起构成漂浮的林冠；②高灌木犹如一堵堵围墙，在垂直面上构成空间闭合，从而也可作为视线屏障和私密性控制之用；③在低灌木的衬托下，高灌木因其显著的色彩和质地形成构图焦点；④高灌木还能作为雕塑和低矮花灌木的天然背景。

中灌木往往起到高灌木或小乔木与矮小灌木之间的视觉过渡作用。

矮灌木能在不遮挡视线的情况下限制或分隔空间。在构图上，矮灌木也具有从视觉上连接其他不相关因素的作用。矮灌木的另一个功能是在设计中充当附属因素。它们能与较高的物体形成对比，或降低一级设计尺度，使其更小巧、更宜人。

与矮灌木一样，地被植物在设计中也可暗示空间边缘。另外地被植物尚有如下景观功能：①地被植物因其具有独特的色彩或质地而能增加观赏情趣；②作为主要景物的无变化的、中性的背景或衬底；③能从视觉上将其他孤立因素或多组因素联系成一个统一的整体。

（二）植物的形态

单株或群体植物的外形，是指植物从整体形态与生长习性来考虑大致的外部轮廓。植物外形的基本类型为纺锤形、圆柱形、水平展开形、圆球形、圆锥形（尖塔形）、垂枝形和特殊形。

1. 纺锤形

这类植物形态细窄长，顶部尖细。在设计中，纺锤形植物通过引导视线向上的方式，突出了空间的垂直面。它们能为一个植物群和空间提供一种垂直感和高度感。如果大量使用该类植物，其所在的植物群体与空间，会给人以一种超过实际高度的幻觉。当与较低矮的圆球形或展开形植物种植在一起时，其对比十分强烈。纺锤形植物犹如"惊叹号"，惹人注目，像地平线上教堂的塔尖。由于这种特征，故在设计中数量不宜过多，否则，会造成过多的视线焦点，使构图"跳跃"破碎。例如，樱桃树常被修剪成纺锤形，如自由纺锤形和细长纺锤形，以优化其生长和结果。这些树形通过人工修剪和管理，使树冠呈现出纺锤状，有利于光照和通风，从而提高果实的产量和品质。

2. 圆柱形

这种植物除顶是圆的外，其他形状都与纺锤形相同。这种植物类型具有与纺锤形植物相近的设计用途，只是视觉的强烈感要相对弱一点。圆柱形植物的一个典型例子是蓬莱松，蓬莱松作为圆柱形植物的代表之一，具有独特的外观特征和生长习性，在园艺和观赏领域具有广泛的应用前景。

3. 水平展开形

这类植物具有水平方向生长的习性，故宽和高几乎相等。水平展开形植物的形状能使设计构图产生一种宽阔感和外延感，从而有引导视线沿水平方向移动的趋势。因此，这类植物的布局通常用于在视线的水平方向上联系其他植物形态。如果这种植物形状重复地灵活运用，其效果更佳。在构图中，水平展开形植物能和平坦的地形、平展的地平线和低矮水平延伸的建筑物相协调。若将该植物布置于平矮的建筑旁，它们能延伸建筑物的轮廓，使其融汇于周围环境之中。水平展开形植物的典型例子是沙地柏，其枝叶具有显著的水平方向性，能够沿地面展开，形成宽广的景观效果。

4. 圆球形

具有明显的圆环或球形形状的植物。它是植物类型中数量最多的种类之一，因而在设计布局中，该植物数量较多。不同于前面几种植物，该类植物在引导视线方面既无方向性，也无倾向性。圆球形植物外形圆柔温和，可以和其他外形较强烈的形体以及像波浪起伏的地形等曲线型的因素相互配合、呼应。圆球形植物的典型例子是仙人球，它原产于南美洲，具有坚硬的外壳和丰富的刺。

5. 圆锥形（尖塔形）

这类植物的外观呈圆锥状，整个形体从底部逐渐向上收缩，最后在顶部形成尖头。圆锥形植物除易被人注意的尖头外，总体轮廓也非常分明和特殊。因此，该类植物可以用来作为视觉景观的重点，特别是与较矮的圆球形植物配置在一起时，对比之下尤为醒目。也可以与尖塔形的建筑物或是尖耸的山巅相呼应。圆锥形（尖塔形）植物的例子是雪松，其树冠呈圆锥形或尖塔形，挺拔苍翠。

6. 垂枝形

这类植物具有明显的悬垂或下弯的枝条。在自然界中，地面较低洼处常伴生着垂枝植物，如河床两旁常生长着众多的垂柳。在设计中，它们能起到将视线引向地面的作用，因此可以在引导视线向上的树形之后用垂枝植物。垂枝植物还可种于一泓水湾的岸边，以配合其波动起伏的涟漪，象征着水的流动。为能表现出该植物的姿态，理想的做法是将该类植物种在种植池的边沿或地面的高处，这样，植物就能越过池的边缘挂下或垂下。垂枝形植物的例子是垂枝樱，其枝条柔软下垂，花开繁盛，姿态优美。

7. 特殊形

特殊形植物具有奇特的造型，其形状千姿百态，有不规则的、多瘤节的、歪扭式的和缠绕螺旋式的。这类植物通常在某个特殊环境中已生存多年。除专门培育的盆景植物外，大多数特殊形植物的形象都是由自然力形成的。由于它们具有与众不同的外貌，这类植物最好作为孤植树，放在突出的设计位置上，构成独特的景观效果。一般来说，无论在何种景观内，一次只宜置放一棵这类植物，这样方能避免产生杂乱的景象。特殊形植物的例子是马褂木，其叶子形状独特，先端平截或微微凹入，两侧有深深的裂片，形似马褂。

毫无疑问，并非所有植物都能符合上述分类标准。有些植物的形状极难描述，而有些植物则越过了各不同植物类型的界限。尽管如此，植物的形态仍是一个重要的观赏特征，这一点在植物因其形状而自成一景，或作为设计焦点时尤为凸显它的地位。不过，当植物是以群体出现时，单株的形象便消失，自身造型能力受到削弱。在这种情况下，整体植物的外观便成了重要的方面。

（三）植物的色彩

紧接植物的大小、形态之后，最引人注目的观赏特征便是植物的色彩。植物的色彩可以被看作情感的象征，这是因为色彩直接影响着一个室外空间的气氛和情感。鲜艳的色彩给人以轻快、欢乐的气氛，而深暗的色彩则给人以异常郁闷的气氛。由于色彩易于被人识别，因而它也是构图的重要因素。植物的色彩，通过植物的各个部分而呈现出来，如通过树叶、花朵、果实、大小枝条以及树皮等。其中树叶的色彩是主要的。

植物配置中的色彩组合，根据花色或秋色来布置植物，是极不明智的，因为特征会很快消失。在夏季树叶色彩的处理上，最好是在布局中使用一系列具有色相变化的绿色植物，以在构图上形成层次丰富的视觉效果。另外，将两种对比色配置在一起，其色彩的反差更能突出主题。其中，深绿色能使空间显得恬静、安详，但若过多地使用该种色彩，会给室外空间带来阴森沉闷感；浅绿色植物能使一个空间产生明亮、轻快感。

在处理设计所需要的色彩时，应以中间绿色为主，其他色调为辅。另外，假如在布局中使用夏季的绿色植物作为基调，那么花色和秋色则可以作为强调色。色彩鲜明的区域，面积要大，位置要开阔并且日照充足。因为在阳光下的色彩比在阴影里更加鲜艳夺目。当然，如果将鲜艳的色彩慎重地配置在阴影里，鲜艳的色彩能给阴影中的平淡无奇带来欢快、活泼之感。

（四）植物的质地

所谓植物的质地，是指单株植物或群体植物直观的粗糙感或光滑感。它受植物叶片的大小、枝条的长短、树皮的外形、植物的综合生长习性，以及观赏植物的距离等因素的影响。我们通常将植物的质地分为三种：粗壮型、中粗型及细小型。

1. 粗壮型

粗壮型植物通常具有大叶片、浓密而粗壮的枝干（无小而细的枝条）以及疏松的生长习性。这类植物观赏价值高、活泼而富有吸引力。由于粗壮型植物具有强壮感，因此它能使景物有趋向赏景者的动感，从而造成观赏者与植物间的可视距离短于实际距离的幻觉。在许多景观中，粗壮型植物在外观上都显得比细小型植物更空旷、疏松、模糊。

2. 中粗型

中粗型植物通常具有中等大小叶片、枝干，具有适度密度的特性。与粗壮型植物相比，这种植物透光性较差，而轮廓较明显。这类植物占种植成分中最大比例，在设计中，这类植物是过渡成分，起到联系和统一整体的作用。

3. 细小型

细小型植物通常长有许多小叶片和微小脆弱的小枝，具有整齐密集的特性。这类植物的特性及设计功能恰好与粗壮型植物相反。

因此，在不同的空间和距离中可以选用不同质地的植物来强化植物的质地，不仅对于空间感和距离感有较大的影响，而且当观赏距离很接近植物景观时，它便是重要的观赏特征，从而使植物景观远近都有"景"可观、可赏。

（五）树叶的类型

树叶的类型包括树叶的形状和持续性，并与植物的色彩在某种程度上有关系。在温带地区，基本的树叶类型有三种：落叶型、针叶常绿型和阔叶常绿型。落叶植物的最显著功能之一便是突出强调了季节变化；某些落叶树的另一个特性是让阳光透射叶丛，使其相互辉映，产生一种光叶闪烁的效果；还有一个特性就是它们的枝干在冬季树叶凋零后，呈现出独特形象。

与其他类型的植物比较而言，对于针叶常绿树来说，其色彩比其他种类的植物都深（除柏树类以外），这是由于针叶植物的叶所吸收的光比折射出来的光多，故产生这一现象。在设计中应该注意：其一，不能使用过多，以免造成一种郁闷、沉思的气氛和悲哀、阴森的感觉，正因为如此，一般在纪念性公园以及陵园里，这类植物使用较多。其二，必须在不同的地方群植常绿针叶树，避免分散。针叶常绿树的一个显著特征，就是其树叶无明显变化，色彩相对常绿。由于其针叶密度大，因而它在屏障视线、阻止空气流动方面非常有效，同时作为其他景物的背景也很理想。

与针叶常绿树一样，阔叶常绿树的叶色几乎呈深绿色。不过，许多阔叶常绿植物的叶片具有反光的功能，从而使该植物在阳光下显得光亮。作为一个树种来说，阔叶常绿植物因其艳丽的春季花色而闻名，故在绿地中可以普遍使用，同时也常作为行道树。

根据不同植物树叶类型的不同特性，除了在设计中要注意场合和环境以外，还要注意地区的特色和要求，通常在华北地区，落叶树和针叶常绿的比例要大些，这是因为一方面常绿阔叶树分布少，另一方面气候寒冷需要光照充足；在江南地区，常绿与落叶比例基本持平；在华南地区，常绿落叶树的比例刚好与华北地区相反。另外，不同性质的绿地以及业主的喜好，同样影响常绿与落叶树的比例，在设计中要慎重考虑，精心布置。

第三章 园林植物景观设计的基础

第一节　植物在景观设计中的作用

一、植物在组织空间中的作用

创造空间是园林设计的根本目的。园林中以植物为主体，经过艺术布局组成各种适应园林功能要求的空间环境，称为园林植物空间。

在园林植物规划之中已厘清了各植物景区之间的功能关系及其与环境的关系，在此基础上还需将其转化为符合各种使用目的的植物空间。规划是平面的布置，而设计才是立体空间的创造。

利用植物的各种天然特征如色彩、姿态、高度、质地、季相变化等，可以构成各种各样的自然空间。设计中既要考虑空间本身的质量和特征，又要把所有单个园林植物空间连接成一个协调的统一体以获得最好的外观。

（一）植物空间及其构成要素

"地""顶""墙"是构成空间的三大要素，地是空间的起点、基础；墙因地而立，或划分空间或围合空间；顶是为了遮挡而设。地与顶是空间的上下水平界面、墙是空间的垂直界面。与建筑室内空间相比，园林外部空间中顶的作用要小些，墙和地的作用要大些。

设计师可以将每一个园林空间作为一个"室外房间"来设计围墙、天花板以及地面，以最大限度地满足不同园林空间功能及环境的需要。

地面和园林用地的安排关系紧密，因为我们最关心的园林中各项功能就落实在空间地面上。我们从一个项目的规划中所看到的就是将什么放于这个地面上。项目规划不仅要确立各类用途，也要确立规划上不同用途彼此间的关系。

园林空间的地面可以是草坪、地被、水面、硬质铺装等，这主要根据空间的使用功能和景观要求确定。如宽阔的草坪可供散步、坐卧、游戏；清透的水面、成片种植的地被植物可供观赏；硬质铺装地面可开展多种休闲活动；道路可疏散和引导人流等。通过精心推敲的形式、图案、色彩和起伏可以获得丰富的环境景观，提高空间的质量。

在大多数园林中，开阔的草坪给人一种开敞的空间感。在园林中，草坪是地面覆盖材料的首选，因而使得草坪成了一个凉爽舒适的，可以走、坐、卧的地面，在阴凉的秋季和寒冷的冬季，绿色的草坪还可以保持午后的温度。一些规则式的观赏草坪，四周缺乏高大的围合材料，但通过草坪植物的种植，可以暗示一种领域性空间的存在。

草坪与硬质材料铺装的结合还能显示不同质感的对比，形成富有韵律节奏感的材料变化。在某些现代化的城市广场空间，整个地面的图案由草皮和硬质铺装两种材料组成，一硬一软、一明一暗，地面的平面构图十分简洁明快，有一种与现代城市景观相和谐的气氛。

另外，还须注意，每个区域空间的长宽比例也很重要。一般来说，对于园林植物空间的地面形状，宽一些会比深一些看上去更好。譬如，一个纵深、狭窄的用地如果分成块后，看上去就会更好些，因为这样比原来会显得更宽一些。这个原则可以应用于设计过程中的区域划分。在选择主体空间时，也要记住在比例上宽度大于深度是合适的。

1. 空间中的垂直物

垂直要素是空间的分隔者、屏障、挡板和背景。由许多植物组团混合形成的垂直结构在立面高度上能够满足园林围墙的功能要求（屏障、防风、围合），同时又有别于建筑墙体，能创造一种宜人的线型。

园林植物非常适合用于围合、分隔或者烘托场地的不同功能空间及空间的连接通道。植物将功能区转化成功能空间。通过相关特性、色彩、质地及形态，植物可以赋予每一空间与其功能相适的特征。通过植物围合可将空间分成更合比例的形状。

植物材料的高矮、树冠的形状和疏密，种植的方式决定了空间围合的质量。分枝点高于视线的乔木围合的空间较空透；乔灌木分层围合的空间较封闭；交错种植、种植间距小、树冠较密的情况下围合的空间较封闭。另外，所围合空间的垂直视角对空间封闭性也有影响，当视角大于45°时空间十分封闭，当视角小于

18°时空间渐趋开敞。

2. 空间中顶面的处理

塑造园林外部空间时，我们可以把顶面视为自由的，一直延伸与树冠或天空相接。开阔无垠的蓝天适合于更多的园林空间作为顶棚，它同时具有欣赏白昼时天空流云的形状及夜晚群星闪烁的特点；当然由大树枝叶、藤本枝叶密布的棚架顶形成的顶面显得柔和而自然；各种材质的网织物、各种几何镂空的亭廊顶等构成的空间顶面则更为现代而多变。

园林植物空间的顶面可轻盈，如半通透的织物或叶子组成的格网；也可坚固，如钢筋混凝土横梁或厚板。它们可以通过自身的透明度或格网的疏密来控制光线的质与量。通常，空间的天棚要保持简洁，因为它更多的是用于感受而较少用于观看。

（二）植物空间的类型

每个空间都有其特定的形状、大小、构成材料、色彩、质感等构成因素，它们综合地表达了空间的质量和空间的功能作用。一般来说，园林植物构成的景观空间可以分为以下几类。

1. 开敞空间

开敞空间是指在一定区域范围内人的视线高于四周景物的植物空间，一般由低矮的灌木、地被植物、草本花卉、草坪形成开敞空间。开敞空间适合人群的聚集、活动、交往、休息等需要。在开放式绿地、城市公园等园林类型中非常多见，如草坪、开阔水面等，其视线通透、视野辽阔，容易让人心胸开阔、心情舒畅，产生轻松、自由的满足感。在较大面积的开阔草坪上，除了低矮的植物以外，如果散点种植几株高大乔木也并不妨碍人们的视线，这样的空间也称得上开敞空间。

2. 半开敞空间

半开敞空间是指在一定区域范围内，周围并不完全开敞，而是有部分视角被植物遮挡起来，根据功能和设计需要，开敞的区域有大有小。从一个开敞空间到封闭空间的过渡就是半开敞空间，它也可以借助地形、山石、小品等园林要素与植物配置来共同完成。半开敞空间的障景能够阻隔人们的视线，从而引导空间的方向。

3. 封闭空间

封闭空间是指人的视线被四周植物屏障的空间。当人处在四周用植物材料封闭、遮挡的区域范围内时，其视距缩短，视线受到制约。四周屏障植物的顶部与视线所成的角度越大，人与屏障植物越近，则封闭性越强。封闭空间近景的感染力加强，容易产生亲切感和宁静感。在植物营造的相对封闭的静谧空间中，人们可以进行读书、静坐、交谈、私语等安静性活动。

封闭空间的尺度往往较小，私密性较强，在园林中与开敞空间同样为人所需要。私密性可以理解为个人对空间接近程度的选择性控制。人对私密空间的选择可以表现为希望一个人独处，按照自己的愿望布置自己的环境；或几个人亲密相处而不愿意受到他人干扰。植物是创造私密性空间最好的自然要素。

在道路、广场、草坪的局部边缘，通过应用植物隔离营建一些小尺度空间，在密林、疏林的局部开辟出少量的空旷地域均可营建出自然、舒适的，适合少量人群进行交谈、活动、休憩的空间。而用植物围合庭院或私家花园的优势则更为明显而有效。寻求私密的围合不需要完全闭合。一个设置得当的树丛屏障或一些分散安排的灌木就足以保证私密性。

4. 纵深空间

狭长的空间称为纵深空间，用植物封闭道路或河道两侧垂直面，就构成了纵深空间。那些分枝点较低、树冠紧凑的中小乔木形成的树墙、树列、树丛、树林等都可以用来构成纵深空间。由于垂直空间两侧几乎完全封闭，视线的上部和前方较开敞，很容易产生"夹景"的效果，可以引导游人的行走路线，并且突出空间前端的主体景物。

此外，空间尺度还有大小之分，空间的大小应视空间的功能要求和艺术要求而定。大尺度的空间气势壮观，感染力强，常使人肃然起敬，多见于宏伟的自然景观和纪念性空间。中小尺度的空间较亲切怡人，适合于大多数活动的开展，在这种空间中交谈、漫步、休憩常使人感到舒坦、自在。

为了塑造不同性格的空间就需要采用不同的处理方式。宁静、庄严的空间处理应简洁、流动、活泼。

（三）植物空间的划分

植物空间的划分主要由平面上的林缘线和立面上的林冠线设计来完成。

1. 林缘线设计

所谓林缘线，是指树林、树丛或花木边缘树冠垂直投影于地面的连接线（太阳垂直照射时，树冠投影的边缘线）。林缘线是植物配置在平面构图上的反映，是植物空间划分的重要手段。空间的大小、景深、透视线的开辟，气氛的形成等大都依靠林缘线设计。

如在大空间中创造小空间，首先就是林缘线设计，一片树林中用相同或不同的树种独自围成一个小空间，就可以形成如建筑物中的"套间"般的封闭空间，当游人进入空间时，产生"别有洞天"之感。也可以仅仅在四五株乔木之旁，密植花灌木（植株较高的）来形成荫蔽的小空间。如果乔木选用的是落叶树，则到了冬天这个荫蔽的小空间就不存在了。

林缘线还可将面积相等、形状相仿的地段与周围环境、功能、立意要求结合起来，创造不同形式与情趣的植物空间。

2. 林冠线设计

所谓林冠线是指树林或树丛空间立面构图的轮廓线。平面构图上的林缘线并不完全体现空间感觉，因为树木有高低的不同，乔木分枝点的差异，这些都不是林缘线所能体现的。而不同高度树木所组合的林冠线，决定着游人的视野，影响着游人的空间感觉。当树木高度超过游人的视线高度，或树木冠层遮挡了游人的视线时，就会让游人感受到封闭，如树木高度低于游人的视线时，则感受到空间开阔。

同一高度级的树木配置，形成等高的林冠线，平直而单调，简洁而壮观，表现出某一特殊树种的形态美，如雪松树群的挺拔、垂柳树丛的柔和等。不同高度的树木配置，则可形成起伏多变的林冠线，在地形平坦的植物空间里，林冠线的构图不仅要求有起伏、有韵律、有重点，而且要注意四季色彩的变化。

林冠线设计还要与地形结合，同一高度级别的树群，由于地形高低不同，林冠线仍有起伏。而乔木与灌木、落叶与常绿、快长与慢长的不同特性，又都能使林冠线变化多端。这是在设计林冠线的艺术构图时，必须仔细考虑的。

由此可见，林缘线与林冠线所产生的空间感觉，由于树木的种类、树龄、生长状况以及冬、夏季树木形态的不同而差别很大，所以说，林缘线与林冠线是植物空间设计的基础。

3. 空间主景

经过精心设计的园林植物空间，一般都设有主景，这种主景的题材、形式各不相同，但多数由具有特殊观赏价值的园林植物构成。

根据植物空间的大小，可以选择树体高大、宏伟或独特、优美的乔木、灌木，以孤植树、树丛的形式配置于空间的构图重心，作为空间的主景。同时还起到增加景深的作用。主景的设置还必须考虑环境与植物种类选择与配置的关系。

有些大面积的植物空间主景，不是以单纯的植物为主景，而是以亭子、假山以及四季有花的大树丛综合组成的一块小园林为主景。在这个主景内可游、可憩，四季都有不同的景观可观赏，是综合性的主景；也有的是以单独的建筑物、置石、雕塑小品等形成空间里十分突出的主景。

（四）植物空间的组织与联系

在园林设计中除了利用植物组合创造一系列的不同的空间之外，有时还需要利用植物进行空间承接和过渡。

为了获得丰富的园林空间，应注重植物空间的组织与联系。空间的对比是丰富空间之间的关系，形成空间变化的重要手段。当将两个存在着显著差异的空间布置在一起时，由于大小、明暗、动静、纵深与广阔、简洁与丰富等特征的对比，而使这些特征更加突出。没有对比就没有参照，空间就会单调、索然无味；大而不见其深，阔而不显其广。例如，当将幽暗的植物小空间和开敞的植物大空间安排在空间序列中时，从暗小的空间进入较大的空间，由于小空间的暗、小衬托在先，从而使大空间给人以更大、更明亮的感受，这就是空间之间大小、明暗的对比所产生的艺术效果。

当将一系列的园林植物空间组织在一起时，还应考虑空间的整体序列关系，安排游览路线，将不同的空间连接起来，通过空间的对比、渗透、引导、创造富有性格的空间序列。在组织空间、安排序列时应注意起承转合，使空间的发展有完整的构思，创造一定的艺术感染力。

二、植物在景观构成中的作用

（一）不同植物种类的景观构成特点

1. 乔木

乔木具有体形高大、主干直立、枝叶繁茂、分枝点高、寿命长的特点。乔木是种植设计中的基础和主体，乔木选择和配置得合理就可形成整个园景的植物景观框架。乔木分为常绿乔木和落叶乔木两大类，同时，乔木因高度差异又主要分为小乔木（6~10m）、中乔木（11~20m）、大乔木（21m以上）。

乔木的景观功能表现为作为植物空间的划分、围合、屏障、装饰、引导以及美化作用。常绿乔木遮阳效果好，四季常青，保持着绿地常年的基本色调；落叶乔木生长季为绿色，深秋叶色变化，冬季落叶后，枝叶能透射阳光，使园林季相变化更加丰富。

树木的体型大小、分枝点的高低会产生不同的空间感。大乔木可以在风景区、各大公园、广场、大型住宅区、城市主干道旁等进行成片种植，气势雄伟，空间划分效果非常明显；在一般情况下，选用乡土树种中高大荫浓的大乔木作为基调树来统一场地；高大乔木是最容易引人注目的，它们构成了最显著的地域特征和标志。它们还可以遮阳庇荫，使建筑线条更柔和，充当空间的顶面。

中小乔木包括许多比较优秀的基调植物和装饰植物，可用作特别的孤赏树。中乔木尺度适中适合作主景之用；还具有包容中小型建筑物或建筑群的围合功能，适宜作为背景；也可用来划分空间作为障景和框景。种植中小乔木充当低空屏障，既可阻挡冬季寒风，又可引导夏季凉风。中小乔木作为分隔框架，特别适用于把大场地细分为小的功能区和空间。小乔木高度适中，最接近人体的仰视视角，适宜配置于人群集中活动空间和建筑物周围。

2. 灌木

灌木具有体形低矮、主干不明显、枝条成丛生状或分枝点较低、开花或叶色美丽等特点，所以灌木是非常重要的植物景观设计材料，多与乔木配置成立体树木景观。灌木常以孤植、丛植、群植为小空间的植物主景；作为低视点的平面构图要素，也可构成较小前景的背景；可以大面积种植形成群体植物景观，丰富城市景观；生长缓慢的灌木经过整形修剪，造型别具一格，使人耳目一新；还可作为绿篱、绿墙等，既可围合空间，还可在一些场合用作迷园的布置；用灌木丛作为补充的低层保护和屏障，可用来屏蔽视线、防止破坏景观、避免抄近路、强调道路的线型和转折点、引导人流等。

因为灌木植株低矮，尺度较亲切，所以灌木是建筑周围绿化的主要装饰材料之一，多为人们休憩空间周围的静态观赏景观，或道路两侧的近景的组成部分。灌木多处于人们的常视域内，植物景观要能耐细看，所以在灌木设计上须注意以下要点：

①灌木布置要顺应地形起伏，而非与道路平行。

②灌木最好成自然式的成组布置，而不是线状或成片。成片种植仅限于矮杜鹃和小栀子这类用作地被的灌木。

③浓绿的常绿灌木在灌木群中应占主要地位，如大杜鹃、冬青、栀子、茶花等，特色灌木则点缀其间，如紫荆、洒金东瀛珊瑚、红瑞木等。

④大灌木布置避免单调，必须用不同规格组合，而非单一规格；大灌木前必须有较小的常绿灌木遮挡其下部枝条；较高的植物配在较矮灌木之后。

⑤灌木间搭配时有细微的叶色对比更佳，如红枫配红叶小檗就很好，但不可用红叶南天竹配浅绿色的矮连翘。

乔木与灌木搭配种植是园林树木最基本的配置结构，在乔木与灌木组合配置树丛或树群时，乔木种类不宜太多，宜以 1~2 种作为基调，并有一定数量的小乔木和灌木作为陪衬。群落内部的树木组合必须符合生态要求，从观赏角度来讲，高大的常绿乔木应居于中后侧作为背景，花色艳丽或叶色奇特的小乔木应在其前面或外缘，然后是大灌木、小灌木，避免互相遮掩。

3．藤本

不同种类的藤本植物可以被种植用来护坡固沙；可作为墙面绿化、美化材料，为暴露的外墙增添绿意；或把藤本植物作为网状物和帘幕，形成一道悬挂于墙壁和篱笆的花和叶的瀑布；在底层地面上种植藤本地被植物，以保持水土、界定道路和利用区，它们就像是铺于地面之上的一层地毯。

（二）基调树种、骨干树种及一般树种的作用

在园林植物规划中，对于所有大面积的种植，应首先选出基调树种、骨干树种以及一般树种。这一程序有助于形成简洁而有力度的种植。

基调树种指各类园林绿地均要使用的、数量最大、能形成全城统一基调的树种，一般以 1~4 种为宜。骨干树种指在对城市影响最大的道路、广场、公园的中心点、边界等地应用的孤赏树、绿荫树及观花树木。骨干树种能形成全城的绿化特色，一般以 20~30 种为宜。

选择作为园林基调树种的类型应当是中等速生、无须太多管理就能长势良好的乡土树种。对于这些树要采取丛植、列植和群植的种植方式，以形成"大型树木框架"和整体的场地结构；利用骨干树种来补充基调种植，以及在较小尺度内构筑场地空间。在选择骨干树种时，应能使其在为每一空间带来自己的特质的同时，与基调树种和自然景观特征相协调；恰当地利用一般树种来划分或区分出具

有独一无二景观特质的区域。这种独特性可以指地形，如山脊、洼地、高地、沼泽；也可以指利用类型，如街道或住宅小区庭园、幽静的花园空间，或一个喧嚣的城市广场绿地；还可以指特殊用途，如密密的防风林、绿荫地或季相色彩。

一般在道路绿化植物种类的选择上，在住宅区和园林中主干道或主环线上可以自由地群植一些骨干树种。住宅小区道路和园林中的次要道路是一种过渡式导引，但是每一种都应利用一般树种（或其他植物）来获得自己的特色，这些一般树种应与土地利用方式、地形及建筑物十分和谐。

（三）植物主景与背景

植物材料可作为主景，并能创造出各种主题的植物景观。但作为主景的植物景观要有相对稳定的形象，不能偏枯偏荣。

植物材料还可作背景，但应根据前景的尺度、形式、质感和色彩等决定背景植物材料的高度、宽度、种类和栽植密度，以保证前后景之间既有整体感又有一定的对比和衬托。背景树一般宜高于前景树，栽植密度要大，最好形成绿色屏障，色调则宜深或与前景有较大的色调和色度上的差异，以加强衬托效果。背景植物材料一般不宜用花色艳丽、叶色变化大的种类。

（四）植物材料与视线安排

利用植物材料创造一定的视线条件可增强空间感、提高视觉和空间序列质量。安排视线不外乎两种情况，即引导与遮挡。视线的引导与遮挡实际上又可看作景物的藏与露。根据视线被挡的程度和方式可分为以下几种情况。

1. 全部遮挡

全部遮挡一方面可以挡住不佳的景色，另一方面可以挡住暂时不希望被看到的景物内容以控制和安排视线。为了完全封闭住视线，应使用枝叶稠密的灌木和小乔木分层遮挡并形成障景。设置植物屏障来遮挡不雅景致，消除强光，降低噪声。它们在不同季节及不同生长期内的效果是一个值得考虑的因素。

2. 露景

稀疏的枝叶、较密的枝干能形成面，使其后的景物隐约可见，这种相对均匀的遮挡产生的露景若处理得好便能获得一定的神秘感，因此，可组织到整体的空间构图或序列中去。

3. 框景

部分遮挡的手法最丰富，可以用来挡住不佳部分，展示较佳部分。通常，可以通过向远处物体开放，利用两侧种植植物形成镜框且聚焦于特定目标，将其引入植物空间以形成框景。远处的山峰或近旁的树木就可这样借入园林，这样不仅扩大了空间领域，还丰富了空间层次。框景宜用于静态观赏，但应安排好观赏视距，使框与景有较适合的关系，只有这样才能获得好的构图。

另外，也可以通过引导视线、开辟透景线、加强焦点作用来安排对景和借景。总之，若将视线的收与放、引与挡合理地安排到空间构图中去，就能创造出有一定艺术感染力的空间序列。

（五）其他作用

借助配植技巧来对地形进行弥补，景观的视觉效果会有很大的提高。例如，在地势较高处种植高大乔木，在低洼处布置较低的植物，能使地势显得更加高耸；反之，高大乔木植于低洼处，而低矮植物种植高处则可以使地势趋于平缓，可起到减弱地形变化的作用。在园林景观营造中，可以结合人工地形的改造巧妙地配置植物材料，形成陡峭或平缓的园林地形，能对景观层次的塑造起到事半功倍的效果。对于相同的地形来说，如果进行不同类型的植物配置，还可以创造出完全不同的景观效果。

植物材料除了具有上述的一些作用外，还具有丰富过渡或零碎的空间、增加尺度感、丰富建筑物立面、软化过于生硬的建筑物轮廓等作用。城市中的一些零碎地，如街角、路侧不规则的小块地，特别适合用植物材料来填充，充分发挥其灵活的特点。植物材料种类繁多，大小不一，能满足各种尺度的空间的需要。大面积的种植具有一定的视觉吸引力，可以改善一定规模的不佳景观或杂乱景观。

第二节　园林植物景观设计的原则

一、生态学原则

构成园林绿地的主要素材是园林植物，其中的园林树木需要经过数年、数十年甚至上百年的生长与培育，才能达到预期的效果。由于地域、气候、经济及人为因素的制约，不同城市植物种类的利用也受到不同的限制。

（一）生态适应性原则

在进行植物景观设计时，要根据设计的生态环境的不同，因地制宜地选择适当的植物种类，使植物本身的生态习性与栽植地点的环境条件基本一致，以使方案能最终得以实施。

在各类绿地的规划与设计中尽量保存现有植被的措施是非常必要的。只要实际可行，街道、建筑物应当协调地布置在自然植被之间。这样景观连续性和风景质量就得以保证；场地种植施工和维护的费用得以降低；对比之下，建筑物、铺装地面和草坪反而会显得更丰富。

植物在长期的系统发育中形成了对不同地域环境的适应性，这些经过长期的自然选择而存活下来的植物就是地带性植物，也称乡土植物。在进行植物配置时，应该借鉴本地自然环境条件下植物群落的种类组成和结构规律，合理选择配置植物种类。例如，高山植物长年生活在云雾弥漫的环境中，在引种到低海拔平地时，空气湿度是其存活的主导因子，因此将其配置在树荫下较易成活。所以植物配置时应根据所在地环境条件选择适合的植物，力图做到适地适树。

任何植物生长发育都不能脱离环境而单独进行。同样，环境中所包含的各种因子对于植物的生存有着直接或间接的影响。园林植物生长的好坏与后期管理固然重要，而栽植前生态环境的预测却直接关系到植物的成活与否。所以在园林建设中，必须掌握好各种植物的生态习性，将其应用到适宜的环境之中。例如，垂柳耐水湿，适宜栽植在水边；红枫弱阳性、耐半阴，阳光下红叶似火，但是夏季孤植于阳光直射处易遭日灼之害，故宜植于高大乔木的林缘区域；桃叶珊瑚的耐阴性较强，喜温暖湿润气候和肥沃湿润土壤，是香樟林下配置的良好绿化树种。

（二）物种多样性原则

在一个自然植物群落中，物种多样性不仅反映了植物种类的丰富度，也反映了植物群落的稳定水平以及不同环境条件与植物群落的相互关系。物种多样性是群落多样性的基础，天然形成的植物群落一般由多物种组成，与单一物种的植物群落相比具有更大的稳定性，能更有效地利用环境资源。

1. 乡土树种与引种、驯化树种

园林植物配置应选择优良乡土树种为基调树种和骨干树种，积极引入易于栽培的新品种，驯化观赏价值较高的野生物种，同时，慎重而有节制地引进国内外特色物种，选择重点是原产于我国，但经过培育改良的优良品种，用它们丰富园林植物品种，形成色彩丰富、多种多样的景观。外来物种应被限制在经过良好改善的区域中。它们最好仅用在那些能受到精心照料而且不会减损自然景色的场所中。

要借鉴地带性植物群落的种类组成、结构特点和演替规律，合理选择耐阴植物，开发利用绿化空间资源，丰富林下植物，改变单一物种密植的做法，使自然更新种具有生存和繁衍空间，以快于自然演替的速度建立接近自然和符合潜在植被特征的绿地。

2. 植物种类的多样性

城市中多为人工植物群落，因此在进行植物配置时，应该注重"物种多样性"原则，尽量避免采用单一物种的配置形式，物种多样性较高的园林植物群落不仅对环境及其变化有更好的适应调节能力，增强群落的抗逆性和韧性，有利于保持群落的稳定，避免有害生物的入侵，还可以提高群落的观赏价值，创造丰富的景观效果，发挥多样化的功能。只有丰富的物种种类才能形成丰富多彩的群落景观，满足人们不同的审美要求；也只有多样性的物种种类，才能构建不同生态功能的植物群落，更好地展现植物群落的景观效果和发挥生态效益。

3. 构建丰富的复层植物群落结构

构建复层植物群落结构有助于丰富绿地的生物多样性，充分利用空间。增加叶面积指数，提高生态效益，有利于提高环境质量，同时也有利于珍稀植物的保存。良好的复层结构植物群落能够最大限度地利用土地及空间，使植物充分利用光照、热量、水分、土肥等自然资源，产出比单纯草坪高数倍乃至数十倍的生态经济效益。复层结构群落能形成多样的小生境，为动物、微生物提供良好的栖息和繁衍场所，形成循环生态系统以保障能量转换和物质循环的持续、稳定发展。由乔木、灌木、草本植物组成的复层群落结构与单一的草坪相比，不仅植物种类有差异，而且在生态效益上也有着显著的差异。草坪在涵养水源、净化空气、保持水土、消噪吸尘等方面远不及植物群落，并且大量消耗城市有限的水资源，其养护管理费用较高。

多数自然群落不是由单一的植物区系所组成的，而是多种植物与其他生物的组合。在大型的城郊公园和风景区植物规划时尤其要重视生物多样性问题。从某种意义上讲，重视园林植物多样性是一个模拟和创建自然生态系统的过程。在植物景观设计时，可以营造多种类型的植物群落，在了解植物生态习性的基础上，要熟悉各种植物的多重功效，将乔木、灌木、草本、藤本等植物进行科学搭配，构建一个和谐、有序、稳定的立体植物群落。

（三）　生态稳定性原则

对于一个植物群落，人们不仅要注意它的物种组成，还要注意物种在空间上的排布方式，也就是空间结构，充分考虑不同树种的生态位，选配生态位重叠较少的物种，避免种间直接竞争，并利用不同生态位植物对环境资源需求的差异确定合理的种植密度和结构，以保持群落的稳定性，形成结构合理、功能健全、种群稳定的复层群落结构，以利于种间互相补充，既充分利用环境资源，又形成优美的景观。

（四）　园林树种选择原则

综上所述，园林景观设计师在进行植物选择时，一定要遵循一些基本的原则。既可减少盲目性和不必要的损失，又能使一个城市具有自己的植物环境特色。

1. 要基本切合自然植被分布规律

所选树种最好为当地植被区内具有的树种或在当地植被区域适生的树种。如引种在当地尚无引种记录的树种，应充分比较原产地与当地的环境条件后再提出试种建议。对配置树群或大面积风景林的树种，更应以当地或相似气候类型地区自然木本群落中的树木为模本。

2. 以乡土树种为主

乡土树种是长期历史、地理选择的结果，最适合当地气候、土壤等生态环境，最能反映地方特色，最持久而不易绝灭，其在园林中的价值已日益受到重视。规划中也要选一些在当地经过长期考验、生长良好并具有某些优点的外来树种。

3. 乔木、灌木、草本植物相结合

在园林植物的选择中，树木、花卉、草坪、地被应相结合，因地制宜地科学配置。力求以上层大乔木、中层小乔木和灌木、下层地被植物的形式，扩大绿地的复层结构比例。园林植物种植设计，在总体上应以乔木为主。为了创造多彩的园林景观，适量地选择常绿乔木是非常必要的，尤其是对于冬季景观的作用更为突出。

四季常青是园林普遍追求的目标之一。在考虑骨干树种，尤其是基调树种时，要尽量选用常绿树种。我国北方气温较低，冬季绿色少，做树种规划时更应

注重常绿树，一般从针叶树中选择。

4. 速生与慢生树种结合

速生树容易成荫，能满足近期绿化需要，但易衰老、寿命短，往往在 20~30 年后便会衰老。如无性繁殖的杨属、柳属树木及银桦、桉树等，见效快、衰老快，不符合园林绿化长期稳定美观的需要；慢生树种能生长上百年乃至上千年，但一般生长较慢，不能在短期内见效，但是绿化效果持久。二者结合，取长补短，可有计划地分期、分批过渡。

在树种比例的确定上，由于各个城市的自然气候不同，土壤水文条件各异，各城市树种选择的数量、比例也应具有各自的特点。例如，确定裸子植物与被子植物比例、常绿树种与落叶树种比例、乔木与灌木比例、木本植物与草本植物比例、乡土树种与外来树种比例、速生与中生和慢生树种比例等。在各地进行园林植物规划时，可参照本地的树种配置比例。

二、功能性原则

园林绿地具有生态、休闲、景观、防灾避险、卫生防护等功能。在进行园林植物配置时，应根据城市性质或绿地类型明确植物所要发挥的主要功能，要有明确的目的性。不同性质的地区选择不同的树种，能体现不同的园林功能，创造出千变万化、丰富多彩又与周围环境互相协调的植物景观。例如，以工业为主的地区，在植物景观设计时就应先充分考虑树种的防护功能；居民区中的植物景观设计则要满足居民的日常休憩需要；在一些风景旅游地区，自然的森林景观及其生态功能就应得到最好的体现。

任何园林景观都是为人而设计的，要体现以人为本的原则，应当首先满足人作为使用者的最根本的功能需求。因此要求设计者必须掌握人们生活和行为的普遍规律，明确设计的用途，使设计能够真正满足人的行为感受和需求，即实现其为人类服务的基本功能，只有明确这一点才能为树种选择和布局指明方向。

要做到选择的每一种植物应符合预期功能。有经验的设计师首先准备一张粗略的概念种植示意图来辅助决定详细的植物选择。这个示意图通常叠加在场地构筑物图纸上，在它上面分区、分片地勾画出外形轮廓、箭头和描述种植实现目的的注记，例如：某处需要树荫；保护体育场地看台免受强光的照射；为活动场地充当围护和屏风；前景处布置地被植物和春天的球根植物；以常绿植物为背景孤植观赏木兰；构成框景；隐藏停车场、仓库及其他服务设施；屏障遮挡不雅景致，消除强光，降低噪声等。概念示意图和注记越完整，进行植物选择越容易，最后的结果就越理想。

三、美学原则

在植物景观配置中，应遵循统一与变化、对比与调和、均衡与稳定、韵律与节奏、比例与尺度等基本原则，这些原则指明了植物配置的艺术要领。

（一）统一与变化

统一与变化是形式美的主要关系。统一意味着部分与部分及整体之间的和谐关系；变化则表明其间的差异。统一应该是整体的统一，变化应该是在统一的前提下的有秩序变化，变化是局部的。过于统一易使整体单调乏味、缺乏表情，变化过多则易使整体杂乱无章、无法把握。

园林植物景观设计的统一原则就是将各部分协调地组合在一起，形成一种统一一致的感觉。重复方法的运用最能体现出植物景观的统一感，在园林中反复使用同种植物材料，使它成为主调，并具有更大的影响，也能造成一种统一。某种植物形态的反复，可以使我们的视线在园林景观中舒服、平和地转移，从而人们可以悠然地观赏景物，如在道路绿带中栽植行道树，等距离配置同种、同龄乔木树种，或在乔木下配置同种花灌木，这种重复最具统一感。

为了防止单调，又必须谨慎地使用重复。变化便是常常用来打破重复并引发游人兴趣的另一个原则。变化的原则可以用在形态、色彩或质感上。变化会增加趣味并使设计师能够控制种植设计的风格气氛。通过园林中植物的形状、质感和色彩的变化，可以避免单调乏味，从而做到引人入胜。

总之，在植物配置时，要把握在统一中求变化、在变化中求统一的原则。如在竹园的景观设计中，众多的竹种均统一在相似的竹叶和竹竿的形状及线条之中，但是丛生竹与散生竹却有聚有散；高大的毛竹、慈竹或麻竹等与低矮的凤尾竹配置则高低错落；龟甲竹、方竹、佛肚竹的节间形状各异；粉单竹、黄金间碧玉竹、黄槽竹、菲白竹等色彩多变。这些竹子经巧妙配置，能够很好地体现统一中求变化的原则。

北方地区常绿景观多应用松柏类植物，松类都是松针、球果，但黑松针叶质地粗硬、叶色浓绿；而华山松、乔松针叶质地细柔，淡绿；油松、黑松树皮褐色粗糙；华山松树皮灰绿细腻；白皮松干皮白色、斑驳，富有变化。柏科都具有鳞叶、刺叶或针叶，其种类有尖峭的台湾桧、塔柏、蜀桧、铅笔柏；圆锥形的花柏、凤尾柏；球形、倒卵形的球桧、千头柏；低矮而匍匐的匍地柏、砂地柏、鹿角桧等，充分体现出不同种类的万千姿态。

（二）对比与调和

调和是由同质部分组合产生的，这种格调是温和的、统一的，但往往变化不足，显得单调。对比是异质部分组合时由于视觉强弱的变化产生的，其特点与调和相反。

差异和变化可以产生对比的效果，具有强烈的刺激感，形成兴奋、热烈和奔放的感受。因此，在植物景观设计中，常用对比的手法来突出主题或引人注目，利用植物不同的形态特征，如高低、姿态、叶形、叶色、花形、花色等的对比手法，衬托出主景的植物景观。例如，一般在住宅设计中总是希望住宅的前门能够吸引人的视线。因此，通常使用具有不同色彩、质感、形式且特点突出的植物来强调入口，从而达到这一效果。还有，在引人注目的植物景观周围配置形态、色彩平淡的植物，则起到衬托主体、强调重点的作用。

在植物景观设计中调和是更应该引起注意的景观属性，调和的景观使人感到舒适、放松。将具有近似性和一致性的植物配置在一起，就能产生协调感。在进行基调植物应用和较大面积植物群体景观配置时，均要强调植物种类之间的调和。

园林植物色彩的表现，一般体现为对比色、类似色、同类色的形式。对比色相配的景物能产生对比的艺术效果，给人以醒目的美感；而类似色就较为缓和，与同类色配合最能获得良好的协调效果。如在花坛、绿地中常用橙黄的金盏菊和紫色的羽衣甘蓝配置，远看色彩热烈、鲜艳，近看色彩和谐、统一，具有较好的观赏效果和视觉冲击力；在栽植荷花的水面，夏季雨后天晴，绿色荷叶上雨水欲滴之时，粉红色荷花怒放，犹如一幅天然水墨画，给人一种自然、可爱的含蓄色彩美；在道路分车带的植物配置中，以疏林草地为主；夏季草坪的绿色也很清新宜人、和谐可爱；在秋季蓝色天空衬托下满树黄叶的银杏树景观令人难以忘怀，同时，银杏的黄叶落在绿色的草坪上，黄绿色彩的交相辉映既壮观又协调，给人一种赏心悦目的感觉。

（三）均衡与稳定

我们总是下意识地在看到的所有景物中寻找平衡，平衡给人以稳定感。均衡可以是对称的，轴线两侧的要素完全相同；但也可以是不对称的，轴线两侧的要素不完全相同，但却在重量感上保持一致。这种重量感可以是物质上的也可以是视觉上的。

左右对称的均衡可以通过在入口的两侧、房子的两侧种植相同的植物来实现，就像镜子的两边一样。这种形式的均衡是严格的、规则的，因此不能用在自然式设计中。因为大多数园林中的功能建筑和我们使用的建筑，其自身特征都是非规则的，只有很少数的园林环境需要对称的均衡。

使用形式均衡但大小不同的对象，可以创造非对称的均衡。例如，一棵乔木可以与三棵小灌木构成均衡。均衡不仅能被看出来，还能被感觉到。色彩能够通过增加景物的视觉重量来影响均衡。例如，在一个种植单元中，一边的浅色植物可以通过另一边几株大小相似但视觉重量较轻的植物实现均衡。

将体量、质地各异的植物种类按均衡的原则进行配置，景观就显得稳定。如色彩浓重、体量庞大、质地粗厚、枝叶茂密的植物种类，给人以重的感觉；相反，色彩素淡、体量小巧、质地细柔、枝叶疏朗的植物种类，则给人以轻盈的感觉。如当植物种植单元中的质感发生变化时，质感粗糙的植物就需要较多质感细腻的植物与之保持均衡。

均衡也适用于景深，在园林中应该始终保持前景、中景、背景之间的均衡关系。中景植物往往是主景，占据视觉焦点位置，数量与体量均较突出；前景与背景植物在各方面与中景应保持一种视觉与形体上的均衡关系。如果园林植物景观在景深上看起来是不均衡的，那么可能是其中之一出了问题，这样就会导致其他两方面失衡。

（四）韵律与节奏

一般称某一要素有规律的重复为节奏，有组织的变化为韵律。序列可以被看作园林中的韵律与节奏，它能使视线沿着序列延伸到某一视觉中然后离开，接着渐渐地落到下一个视觉中心。韵律与节奏可以分别通过形式、质地或色彩的渐变实现，如在园林设计中经常使用的一个韵律与节奏处理的实例即保持颜色不变，同时逐渐地变换植物的形状，使视线随着植物轮廓线高度的不断增加而流动。反之，也可通过变换颜色而形成韵律与节奏的变化。同时，当植物高度发生变化，达到某一突出点时，其质感也会出现细微的变化，从细致到中等或中等偏粗糙。

植物配置中有规律的变化，就会产生韵律感，如颐和园西堤、杭州白堤以桃树与柳树间隔栽植，就是典型的例子；又如云栖竹径景区两旁为参天的毛竹林，在合适的间隔距离配置一棵高大的枫香树，沿道路行走游赏时就能体会到韵律感的变化而不会感到单调。

（五）比例与尺度

相对比例可看成一种尺度比率，表示两个物体相对大小，而不是确定其绝对测量值。人们倾向于将物体大小与人体做比较。因此与人体具有良好的尺度关系的物体总是被认为是合乎标准的、正常的。比正常标准大的比例会使我们感到畏惧，而小比例则具有从属感——会使我们产生俯视感。

通过控制植物景观的均衡比例，设计师可以唤起相应的情感。通常园林总是使人们感到舒适、放松，因此多数园林设计总是采用人们习惯的标准尺度。当然也有例外，如日本庭院，由于采用极具亲和力的尺度设计，因此会使得一个狭小的空间看起来更大一些。另外，如果我们想要通过园林创造一幅全景画，就需要使某些景观看起来显得更大些，同时也更容易辨认。

四、历史文化原则

随着现代社会文明程度的提高，人们在关注科学技术的进步以及经济发展的同时，也越来越关注外在形象与内在精神文化素质的统一。植物景观是保持和塑造城市风情、文脉和特色的重要方面。植物配置首先要厘清各地历史文脉，重视景观资源的继承、保护和利用，以自然生态条件和地带性植被为基础，使植物景观具有明显的地域性和文化性特征，产生可识别性和特色性。

中国古典园林善于应用植物题材，表达造园意境，或以花木作为景观设计主题，创造风景点，或建设主题花园。古典园林中，以植物为主景观赏的实例很多，如圆明园中的杏花春馆、柳浪闻莺、曲院风荷、碧桐书院、汇芳书院、万花阵等景点；承德避暑山庄中的万壑松风、松鹤清樾、青枫绿屿、梨花伴月、曲水荷香、金莲映日等景点；苏州古典园林拙政园中的枇杷园、远香堂、玉兰堂、海棠春坞、听雨轩、柳荫路曲、梧竹幽居等以枇杷、荷花、玉兰、海棠、柳树、竹子、梧桐等植物为素材的景点，创造植物景观。古典园林植物配置的手法在现代园林也值得延续和继承，在园林空间中应用植物景观的意境美来展现城市文化中与众不同的历史内涵。

植物配置的文化原则是指在特定的环境中通过各种植物配置使园林绿化具有相应的文化气氛，形成不同种类的文化环境型人工植物群落，让人们在主观感情与客观环境之间产生景观意识，即所谓情景交融。这就需要通过以下几方面来实现植物景观的文化特征。

（一） 市花、市树的应用

市花、市树，是一个城市的居民经过投票选举并经过市人大常委会审议通过的，受到大众广泛喜爱的植物种类，也是比较适应当地气候条件和地理条件的植物。我国许多城市都有自己的市花、市树，它们本身所具有的象征意义也上升为该地区文明的标志和城市文化的象征。如北京的市花是菊花和月季、市树是侧柏和国槐，这反映了兄弟树、姊妹花的城市植物形象；上海的市花是白玉兰，象征着一种奋发向上的精神；广州的木棉树有"英雄树"之美名，象征蓬勃向上的事业和生机。还有青岛的耐冬与月季、杭州的桂花、昆明的山茶等，都是具有悠久栽培历史及深刻文化内涵的植物。植物配置时利用市花、市树的象征意义与其他植物或小品、构筑物相得益彰地进行配置，可以赋予环境浓郁的地区特色，彰显城市特有的文化氛围。

（二） 地带性植物的应用

如果说市花、市树是城市文化的典型代表之一，那么地域性很强的地带性植物则可以为植物配置提供广阔的景观资源。在丰富的植物种类中，地带性植物是最能适应当地自然生长条件的，不仅能够达到适地适树的要求，还代表了一定的植被文化和地域风情。如在北方城市中，杨、柳、榆树景观是独特的地域性风景体现；而椰子树则是南国风光的典型代表。在广州、珠海、深圳、厦门等南方城市，其得天独厚的自然条件给予了城市颇具特色的植物景观，各类观花乔木、棕榈科植物、彩叶植物、攀缘植物、宿根花卉、地被植物等生长良好，植物景观丰富多彩。各地种类丰富、形态各异的地带性植物，为各具特色的城市植物景观配置提供了有利条件。

（三） 古树、名木的保护与应用

在城乡范围内，凡树龄 100 年以上者称古树。古城、寺庙及古陵墓等地常有大量古树。名木则主要指具有纪念性、历史意义或国家、地方的珍稀名贵树种，如黄山的迎客松、泰山的五大夫松等。

古树和名木不仅构成了各地美丽的植物景观，同时也是活的文物，对我国各地的历史、文化及艺术研究都有很大价值，也为研究古代气候变化及树木的生命周期提供了重要资料。古树的存在，说明该树能适应当地的历史气候及土壤条件，它们对一个城镇的树种规划具有重要参考价值。但要引起注意的是，古树是上百年甚至上千年岁月生长存留下来的，是稀有之物，一旦死亡，则无法再现。因此我们要重视古树名木的保护和管理。

五、经济原则

植物景观以创造生态效益、景观效益、社会效益为主要目的，但这并不意味着可以无限制地增加投入。任何一个城市的人力、物力、财力和土地都是有限的，在植物景观营建时必须遵循经济原则，在节约成本、方便管理的基础上，以最少的投入获得最大的综合效益，为改善城市环境、提高城市居民生活环境质量服务。植物景观设计中多选用生态效益好、生长速度中等、耐粗放管理的乡土植物，以减少资金投入和管理费用。

从经济的角度来讲，则需要适地适树，因地制宜，避免盲目进行大规模树木的移植，以及外来植物种类的大量应用。同时，在进行植物配置时还可以考虑将植物景观与生产效益相结合，选择应用一些具有多重经济价值的树种。

第三节 园林植物景观设计的方法

一、植物布局的形式

园林植物布局形式的产生和形成，是与世界各民族、国家的文化传统、地理条件等综合因素的作用分不开的。园林植物的布局是与园林的布局形式相一致的，主要有四种方式：规则式、自然式、混合式、抽象图案式。

（一）规则式

规则式植物配置，一般配合中轴对称的总格局来应用。树木配置以等距离行列式、对称式为主，花卉布置通常是以图案为主要形式的花坛和花带，有时候也布置成大规模的花坛群。一般在主体建筑物附近和主干道路旁采用规则式植物配置。规则式种植形式主要源于欧洲规则式园林。

欧洲的建园布置标准要求体现征服自然、改造自然的指导思想。西方园林的种植设计不可能脱离全园的总布局，在强烈追求中轴对称、成排成行、方圆规矩规划布局的系统中，产生了建筑式的树墙、绿篱，行列式的种植形式，树木修剪成各种造型或动物形象，从而构成欧式传统的种植设计体系。

随着社会、经济和技术的发展，这种刻意追求形体统一、错综复杂的图案装饰效果的规则式种植方式已显示出其局限性，尤其是需要花费大量劳力和资金养护。但是，在园林设计中，规则式种植作为一种设计形式仍是不可或缺的，只是需要赋予新的含义，避免过多的整形修剪。

（二）自然式

自然式的植物配置，要求反映自然界植物群落之美，将植物以不规则的株行距配置成各种形式。植物的布置方法主要有孤植、丛植、群植和密林等几种；花卉的布置则以花丛、花境为主。公园、风景区植物配置和住宅庭院植物配置通常采用自然式。

自然式种植注重植物本身的特性和特点，植物间或植物与环境间生态和视觉上关系的和谐，体现了生态设计的基本思想。生态设计是一种取代有限制的、人工的、不经济的传统设计的新途径，其目的就是创造更自然的景观，提倡用种群多样、结构复杂和竞争自由的植被类型。

（三）混合式

所谓混合式种植，主要指将规则式、自然式交错组合，没有或不能形成控制全园的主轴线和副轴线，只有局部景区、建筑以中轴对称布局。一般情况，多结合地形，在原地形平坦处，根据总体规划需要安排规则式的种植布局。在原地形条件较复杂，具备起伏不平的丘陵、山谷、洼地等地区，结合地形规划成自然式种植。上述两种不同形式种植的组合即混合式种植。但需注意的是，在一个混合式园林中还是需要以某一形式为主，另一种为辅，否则缺乏统一性。事实上，在现代园林中，纯规则式和纯自然式的园林及其种植方式基本上很少出现，更多的园林布局形式和园林植物种植形式是混合式的应用。混合式植物种植设计强调传统手法与现代形式的结合。

（四）抽象图案式

与前述几种种植设计方式均不相同的是巴西著名设计师罗伯特·布雷·马克斯（Roberto Burle Marx）早期所提出的抽象图案式种植方法。由于巴西气候炎热、植物自然资源十分丰富，马克斯从中选出了许多种类作为设计素材组织到抽象的平面图案之中，形成了不同的种植风格。从马克斯的作品中就可看出他深受克利和蒙德里安的立体主义绘画的影响。种植设计从绘画中寻找新的构思也反映出艺术和建筑对园林设计有着深远的影响。

二、草坪及地被配置

在地面上种植地被植物，以保持水土，界定道路和利用区，以及在需要的地带布置草皮。它们就像是铺于地面之上的一层地毯。草坪及地被植物是城市的"底色"，对城市杂乱的景象起到"净化""简化"的统一协调作用。

（一）草坪景观设计

草坪是选用多年生宿根性、单一的草种均匀密植，成片生长的绿地。据计算，草的叶面积比所占地面积大 10 倍以上。所以草坪可以防止灰尘再起，减少细菌危害。由于叶面的蒸腾作用，可使草坪上方的空气相对湿度增加 10% ~ 20%，减少太阳的热辐射，夏季温度可以降低 1 ~ 3℃，冬季则高 0.8 ~ 4℃。草坪覆盖地面，可以防止水土冲刷，维护缓坡绿色景观，冬季可以防止地温下降或地表泥泞。

草坪草是园林地面覆盖材料的首选。对于园林中的大部分功能来说，很难找到一种比铺设完好的草坪更适合的地面材料。因为草坪能为植物和花卉提供有吸引力的前景；草坪增加了空间开敞感，并有助于创造景深。同时草坪上可以举行足球、排球、羽毛球及高尔夫球等项目的比赛，而且草坪具有惊人的恢复能力；由于草坪植物的蒸腾作用，使得草坪成了一个凉爽舒适的，可以走、坐、卧的表面，因而草坪为大多数室外活动提供了一个理想的场地。再没有其他材料的表面有可供赤脚行走的特性了。在阴凉的秋季，黑绿色的草坪还可以保持午后的温度。

在大多数园林中，开阔的草坪给人一种开敞的空间感。当我们漫步在草坪空间时，视觉宽度和深度有恰当的比例感。一块草坪的质地近处粗糙、远处细腻又增强了人们对于园林景观的透视效果。不管是自然起伏的还是园林设计师设计创造的，平坦而又绿草如茵的地形总能给人以愉悦的视觉享受。

草坪的绿色易与其他园林要素的颜色取得良好的协调，并使之生机勃勃。草坪低平的平面很容易将我们的视线引向园林中的其他要素，使其他植物更为突出，而不像别的覆盖物那样分散人们的注意力。

1. 草坪的分类

（1）按草坪使用功能划分

游憩草坪，这类草坪在绿地中没有固定的形状。一般面积较大，管理粗放，允许人们入内游憩活动。其特点是可在草坪内配植孤立树，点缀石景，栽植树群，周边配植花带、树丛等，中部形成空地，能分散容纳较多的人流。选用草种应以适应性强、耐踩踏的为宜，如结缕草、狗牙根、假俭草等。

观赏草坪，在园林绿地中，专供欣赏景色的草坪，也称装饰性草坪。如栽种在广场雕像、喷泉周围和建筑纪念物前等处，多作为景前装饰和陪衬景观，还有花坛草坪。这类草地一般不允许入内践踏，栽培管理要求精细，严格控制杂草，因此栽培面积不宜过大，以植株低矮、茎叶密集、平整、绿色观赏期长的优良细叶草类最为理想。

运动场草坪，供开展体育活动的草坪，如足球场、高尔夫球场及儿童游戏活动场草坪等。均要选用适应于某种体育活动项目特点的草种。一般情况下应选用能经受坚硬鞋底的踩踏，并能耐频繁的修剪裁割，有较强的根系和快速复苏蔓延能力的草本种类。

疏林草坪，树林与草坪相结合的草坪，也称疏林草地。多利用地形排水，管理粗放，造价较低。一般铺在城市公园或工矿区周围，与疗养区、风景区、森林公园或防护林带相结合。它的特点是林木夏天可庇荫，冬天有阳光，可供人们活动和休息。

另外，还有飞机场草地、森林草地、林下草坪、护坡草坪等。

（2）按草坪植物配合种类划分

单纯草坪，由一种草本植物组成。

混合草坪，由多种禾本科多年生草种组成。

缀花草坪，混有少量开花华丽的多年生草本植物，如水仙、鸢尾、石蒜、葱兰、韭兰等的草坪。

（3）按草坪的形式划分

自然式草坪，充分利用自然地形或模拟自然地形起伏，创造原野草地风光，这种大面积的草坪有利于多种游憩活动的进行。

规则式草坪，草坪的外形具有整齐的几何轮廓，多用于规则式园林中，如用于广场、花坛、路边衬托主景等。

2. 草坪的设计

草坪是城市园林绿地的重要组成部分，广泛应用于各类园林用地。在水边沿岸平坦的草地，以欣赏水景和远景为主。草坪对建筑和街景起着衬托作用，它与花卉相配，可形成各式花纹图案；与孤植树相配，可以衬托其雄伟、苍劲；与树群、树丛相配，起着调和衬托作用，加强树群、树丛的整体美。

公园中的大草坪，在其边缘可配植孤立树或树丛，从而形成富有高低起伏和色彩变化的开阔景观。草坪的外围配植树林，布以山石，创造山的余脉形象，增强山林野趣；草坪边缘的树丛、花丛也宜前后高低错落，若隐若现，以加强风景的纵深感。在草坪中间，除了特殊的需要而进行适当的小空间划分外，一般不宜布置层次过多的树丛或树群。如将造型优雅的湖石、雕像或花篮等设立在草坪的中心，则使主题突出，给人以美的享受。在庭园中设计闭锁式的草坪，可陪衬、烘托假山、建筑物和花木，借以形成相对宽敞的庭院活动空间。

为保证人们的游园活动，规则式草坪的坡度可设计为5%，自然式草坪的坡度可设计为5%~15%，一般设计坡度在5%~10%，以保证排水。为避免水土流失，最大坡度不能超过土壤的自然安息角（30%左右）。

（二）地被景观设计

地被是指以植物覆盖园林空间的地面。覆盖地面的地被能够起到净化空气、吸收热量、降低温度、固定土壤的作用。而具有各种高度的地被植物，将有助于形成强烈的地表图案。群植的地被植物，还可以用于强化围合效果。同时，地被植物还能为各种野生动物提供良好的栖息场所，尤其是那些为蜜蜂提供花源，或是为鸟兽提供果实的地被植物。

地被植物种类除有单子叶和双子叶草本类外，还包括一些低矮的木本植物材料。它们的种类多，用途广，适应多种环境条件，但一般不宜整形修剪，不宜践踏。地被植物的形态、色泽各异，多年生，特别是大多能耐阴，如八角金盘、十大功劳、鹅掌柴、撒金珊瑚等很适合在林下、坡地、高架桥下使用。管理上比草坪简便，可以充分覆盖裸露地面，达到黄土不露天的目的，进一步发挥绿色植物的生态环境效益。园林植物空间的地被，一般有以下两种。

1. 叶被

以草本或木本的观叶植物满铺地面，仅供观赏叶色、叶形的栽植面积称为叶被。它和草被虽然同是以叶为主，但草被有的可以入内践踏（少量的或短时间的），故以宏观观赏为主，体现一种"草色遥看近却无"的景观。叶被的植株一般较高，以叶形叶色的美呈现既可远赏，亦耐近观的观赏效果。

在南方，叶被植物十分丰富，如红桑、变叶木、八角金盘、十大功劳、鹅掌柴、撒金珊瑚、彩叶草、花叶艳山姜、紫苏、扁竹根、一叶兰、蕨类、常春藤等，均可作地被。

2. 花被

通常是以草本花卉或低矮木本花卉于盛花期满铺地面而形成的大片地被。由于这类植物的花期一般只有数天至十数天，故最宜配合公共节日（如"五一""十一"等），或者是就某种花卉的盛花期特意举办突出该花特色的花节，如牡丹花节、杜鹃花节、郁金香花节、百合花节、水仙花节……即使是同一种类的花，由于品种不同、花色不同，也可以配置成色彩丰富、灿烂夺目的地面花卉景观，若能根据其他灌木、乔木的花期，如樱花、梅花、桃花……则在一年之中，就会使整个园林植物空间连绵不断散发出花卉的芳香，展示出艳丽的花姿花色。

三、植物配置的生态方法

更深意义上的植物景观设计应该是植物景观的生态设计，现代的园林植物生态设计是运用生态学原理，根据植物的形态、生物习性、生态习性和生态效能，将乔木、灌木、藤本、草本植物进行合理搭配，使植物与环境之间、植物与植物之间、植物与环境中的其他生物之间都能很好地适应和融合，建立良好的关系，同时发挥植物的多种功能，进而获取最佳综合效益。

重视对自然环境的保护，运用景观生态学原理建立生态功能良好的景观格局，促进资源的高效利用与循环再生，减少废物的排放，增强景观的生态服务功能，凡是这样的设计都被称为生态设计，其最直接的目的就是实现资源的永续利用和环境的可持续发展。生态设计的提出也使得植物在景观中的地位更加重要，在设计过程中通过保护自然植物群落，减少人为干预，从而保证生态系统的稳定和可持续发展；通过模拟自然，恢复原生植被，能够逐步地修复破损的自然生态系统。由此可见，合理利用、充分发挥植物的生态效益是生态设计的核心内容。

（一）立足生态理论，保护自然景观

自然植物群落是一个经过自然选择、不易衰败、相对稳定的植物群体。光、温、水、土壤、地形等是植被类型生长发育的重要因子，群体在包括诸因子在内的生活空间的利用方面保持着经济性和合理性。因此，对当地的自然植被类型和群落结构进行调查和分析无疑对正确理解种群间的关系会有极大的帮助，而且，调查的结果往往可作为种植设计的科学依据。设计者根据构成群落的主要植物种类的调查结果做了典型的植物水平分布图，从中可以了解不同层次植物的分布情

况，并且加以分析，制作出了分析图。在此基础上结合基地条件简化和提炼出自然植被的结构和层次，然后将其运用于设计之中。

这种调查和分析方法不仅为种植设计提供了可靠的依据，使设计者熟悉这种自然植被的结构特点，同时还能在充分研究了当地的这种植物群落结构之后，结合设计要求、美学原则，做出不同的种植设计方案，并按规模、季相变化等特点分别编号，以提高设计工作的效率。

每一种植物群落应有一定的规模和面积且具有一定的层次，才能表现出群落的种类组成。在规范群落的水平结构和垂直结构、保证群落的发育和稳定状态、使群落与环境的相对作用稳定时，才会出现"顶级群落"。群落中的植物组合不是简单的乔、灌、藤本、地被的组合，而应该从自然界或城市原有的、较稳定的植物群落中去寻找生长健康、稳定的植物组合，在此基础上结合生态学和园林美学原理建立适合城市生态系统的人工植物群落。

（二）利用生态手段，修复生态系统

生态系统具有很强的自我恢复能力和逆向演替机制，但如果受到的人为干扰过于强烈，环境自我修复能力就会大大降低，比如后工业时代那些已经满目疮痍的工业废弃地，原有的生态系统、植物群落已经被彻底破坏。是放弃，还是修复再利用？面对这样一个问题，许多设计师选择了后者，并探索出了一条生态修复的思路。尤其是20世纪70年代，保留并再利用场地原有元素修复生态系统成为一种重要的生态景观设计手法，尊重场地现状，采用保留、艺术加工等处理方式已经成为设计师首先考虑的措施，而植物在其中则承担着越来越重要的作用。

第四章 公园绿地造景设计

第一节　综合公园植物造景设计

一、综合公园概述

综合公园作为城市主要的公共开放空间，是城市绿地系统的重要组成部分，对城市景观环境塑造、城市生态环境调节、居民社会生活起着极为重要的作用。综合公园内容丰富，适合开展各类户外活动，具有完善的游憩和配套管理服务设施的绿地，规模宜大于 $10hm^2$，以便更好地满足其应具备的功能需求。考虑到某些山地城市、中小规模城市等由于受用地条件限制，城区中布局大于 $10hm^2$ 的公园绿地难度较大，为了保证综合公园的均衡性，可结合实际条件将综合公园面积下限降至 $5hm^2$。如今世界各国通常将城市拥有的公园数量、面积、人均占有的公园面积，以及公园面积与城市用地面积之比等，来反映城市公园绿化的水平与现状。综合公园的建设情况已成为衡量城市现代化建设的指标之一。

二、综合公园分区

综合公园向不同年龄、不同爱好的游人开放，园内设施多种多样，公园必须进行科学合理的功能分区。

综合公园一般可分为：安静休息区、观赏游览区、文化娱乐区、体育运动区、儿童活动区、老年人活动区、园务管理区等。各区域相对独立，以便各类活动的展开，避免相互干扰。在规划公园功能分区时，要因地制宜，合理地设计功能空间形态，与环境有机联系，巧妙组景，增添文化情趣，便于游人游玩和休憩。种植设计时应考虑各个区域的性质、使用功能、用地要求和游客量等，以及乔灌草的比例，实现各个区域植物最优化配置。

（一）安静休息区

安静休息区是通过营造宁静、自然的环境，供人们休息散步、欣赏自然风景之处，是综合公园中占地面积最大，而游人密度最小的一个活动区域。该区一般位于原有树木较多、地形起伏多变之处，最好选在高地、谷地、湖泊、河流等风景理想之处。该区的建筑布局宜散不宜聚，宜素雅不宜华丽，可结合自然风景设亭、台、花架、曲廊等园林建筑。

（二）文化娱乐区

文化娱乐区是公园中人流最为集中的区域。该区内经常开展人数众多、形式多样的文化和娱乐活动。由于群众性活动人流量较大，而且集散时间相对集中，文化娱乐区一般设置于公园主要出入口附近。它是全园布局的重点，园内一些主要园林建筑设置在这里，如展览室、展览画廊、露天剧场、游戏场、文娱室、阅览室、剧院、音乐厅等。为达到活动舒适、方便的要求，文化娱乐区的用地以 $30 \mathrm{~m}^2/$ 人为宜，同时考虑设置足够的道路、广场和生活服务设施，如餐厅、茶室、冷饮、厕所、饮水处，还要注意供水、供电、供暖、排水等工程设施的合理布置。

（三）体育活动区

在全民健身时代，城市综合公园往往会设置开展各项体育活动的体育活动区。该区属于较为喧闹的功能区，人流量大，集散时间短，干扰大，应通过地形、建筑、树丛、树林等与其他各区进行相应分隔。体育活动区宜布置在靠近城市主干道和离入口较远的公园一侧，一般专门设置主入口，以利于人流集散。区内可利用林间空地开辟小型的篮球场、羽毛球场、网球场、门球场、武术表演场、大众体育区、民族体育场地、乒乓球台等。公园中如有较大的水面，还可以开设水上娱乐活动。如经济条件允许，可设体育场馆，且要注意建筑造型的艺术性。各场地不必同专业体育场一样设专门的看台，可利用缓坡草地、台阶等作为观众席，从而增强人们与大自然的亲和性。

（四）儿童活动区

综合公园的儿童活动区与儿童公园的功能一致，主要提供开展各种儿童游乐活动的场地。儿童活动区一般可分为学龄前儿童区和学龄儿童区，也可分成体育活动区、游戏活动区、文化娱乐区、科学普及教育区等。区内设置游戏场、戏水池、运动场，或者室内活动馆等活动设施。儿童区的建筑、设施要适合儿童的尺度，并且造型新颖、色彩鲜艳；建筑小品的形式要符合儿童的兴趣，富有教育意义，如采用童话、寓言故事素材；区内道路的布置要简洁明确，容易辨认，最好不要设台阶或过大坡度。儿童活动区还应考虑成人休息、等候的场所，在儿童活动场地附近要留有可供家长停留休息的设施，如坐凳、花架、小卖部等。儿童活动区应和综合公园的其他区域隔开，并设有固定的出入口，避免游人随意穿行；区内各个小区之间也应有一定的间隔，以便于管理服务。考虑儿童的生理特性，条件许可的公园可在儿童活动区内设置厕所、洗手台等服务设施。

（五）观赏游览区

观赏游览区是综合公园的重要组成部分，在公园中占地面积较大，游客密度较小，以人均游览面积 $100m^2$ 左右较为合适。该区以观赏、游览参观为主要功能，因此常选择地形起伏较大、植被丰富的地段，结合历史文物、名胜古迹设计布置园林景观。在观赏游览区中游览路线应设计合理，结合公园景色形成连续的动态风景序列。道路的平纵曲线、铺装材料、铺装纹样、宽度变化等都应根据景观展示和动态观赏的要求进行规划设计。

（六）老年人活动区

综合公园中专设老年人活动区，是供老年人活跃晚年生活，开展文化、体育活动的场所。老年人活动区在公园规划中应设在观赏游览区或安静休息区附近，要求背风向阳、环境幽雅、风景宜人。地形选择以平坦为宜，不应有较大变化。老年人活动区内应有必要的服务性建筑或设施，如厕所、走道扶手、无障碍通道等；还可以适当安排一些简单的体育健身设施。区内建筑设施布置要紧凑，避风雨用的小亭、小阁等要具有较强通透性，且有一定的耐用性，以满足老人们长期在此聊天、下棋等活动需求。另外，还要为老人提供晨练的空间，满足老人进行晨练，以及白天在公园中活动、晚上在公园中散步的空间需求。

（七）园务管理区

园务管理区是工作人员管理、办公、组织生产、生活服务的专用区域，为公园经营管理的需要而设置。园务管理区包括公园管理办公室、温室、花圃、仓库和生活服务管理部门等。园务管理区要与城市街道有方便的联系，设有专用出入口，不应与游人混杂，区域四周要与游人有隔离。到管理区内要有行车道相通，以便于运输和消防。本区宜隐蔽，应该尽量避开公园游览的视线，不要暴露在风景游览的主要视线上。

三、综合公园植物景观营造原则

综合公园的植物配置要符合公园规划建设的总体要求，从全园的功能要求、环境质量要求、游人活动休憩要求出发，结合当地的气候条件、园外环境、公园的立地条件和植物的生理、生态学特性，因地制宜，合理规划，既要保证良好的环境生态效益，又要达到人工艺术美与天然美的和谐统一。总的来说，有以下几个原则：适地适树、功能满足、远近期结合、美学原则、风格统一。

（一）全面规划，重点突出，近期和远期相结合

公园的植物配置规划，必须根据公园的性质、功能，科学合理地布置安排。首先，应做到适地适树，即选择与园区立地条件相适应的植物，在近期和远期都达到良好的景观效果。例如在低洼积水地段选用耐水湿的植物，如湿地松、杨、柳、水杉、枫杨、西府海棠、重阳木等；在光照不足的地段或群落下木层选择耐阴植物如香樟、三角枫、广玉兰、石楠、大叶黄杨、山茶花等。其次，以乡土树种为主，并充分利用公园用地内的原有树木，尽快形成公园的绿地景观骨架。最后，将速生树种与慢生树种相结合，常绿树种与落叶树种相结合，针叶树种与阔叶树种相结合，乔、灌、草相结合，尽快形成绿色景观效果。

规划中应注意近期绿化效果要求高的地段，植物选择应以大苗为主，适当密植，待树木长大后再移植或疏伐。树种选择既要满足观赏价值，又要具有较强抗逆、抗病虫害的能力，易于管理；不得选用有浆果和招引害虫的树种。主要树种有 2~3 种，林下部分种植耐阴性植物以适应下层阳光较少的环境。

（二）全园风格统一和各景区特色营造

综合公园的植物景观营造应该遵循一个共同的主题。首先，植物配置方式应该与造园风格协调统一。如营造自然式风格的公园在植物景观营造时应多采用自然式配置方式。其次，可利用基调树种统一全园风格，形成全园与各区之间在景观上的合理过渡。

公园中各景区的植物配置除选用全园基调树种以外，可另选定主调树种或营造专类园，突出各区风格。如北京颐和园以油松、侧柏作为基调树种遍布全园，每个景区又都有其主调树种，后山后湖景区以海棠、平基槭、山楂作主调树种，

以丁香、连翘、山桃等少量树种作配调树种，使整个后山后湖景区四季常青，季相景观变化明显。

（三）充分满足公园功能要求

综合公园作为城市公共绿地的一个重要组成部分，其主要功能之一就是满足市民业余时间休闲、游憩、社会交往等需求。公园植物配置应该充分考虑绿地功能，如通过植物配置使空间有开有合，种植有疏有密。开阔的空间便于人们谈心、交流以及开展一些集体性的娱乐活动；郁闭的小空间则适合人们独处、静思、放松。利用植物配置改善公园小气候，如在冬季有寒风侵袭的地方，考虑设置防风林带。主要建筑物和活动广场，要考虑遮阴和观赏的需要，配置乔灌花草。

因为公园各区的服务对象不同和功能各异，故在营造植物景观时要区别对待，以充分发挥各区功能。例如在安静休息区和老年人活动区，可利用绿、蓝、紫等冷色调植物营造清雅幽静环境气氛；儿童活动区可选用红、橙、黄暖色调植物突出活泼生动的气氛；公园游览休息区的植物配置要满足春季观花、夏季遮阳、秋观红叶、冬有绿色的需求，形成季相动态构图，以利于游览、观赏和休息。

（四）符合园林美学原理

公园植物配置应结合公园中建筑、小品、山石、水体等其他造景元素，运用艺术构图原理，创造优美雅致的公园景观。园林植物配置既要展现植物个体和群体的形式美，又要注意营造意境美，赋予植物景观更深层次的含义。植物配置要巧妙利用公园地形、空间、游览路径和植物季相及生命周期的变化，组成一幅有生命力和感染力的动态构图。

四、公园出入口规划与植物配置

公园出入口一般包括主要出入口、次要出入口和专用出入口三种。主要出入口临城市主干道或商业区这类人流量密集的区域；次要出入口则一般与城市次干道相邻；专用出入口主要供园区内部人员及体育运动区使用。出入口的植物景观营造主要是为了更好地突出、装饰、美化出入口，使公园在入口处就能引人入胜。通常采用色彩鲜艳、层次丰富、形体优美的植物营造公园入口景观空间，强调公园的出入口，增强标志性，起到引导游人的作用。同时，还可以利用植物景观弱化公园入口处墙基、角隅的生硬，或与公园入口广场、景石、水景组景，共同点缀入口景观。

主要出入口人流量较大，面积也较大，常设计具有集散功能的广场，因此，主要出入口的植物配置应充分考虑与广场景观的呼应；次要出入口面积较小，植物配置应注意选择体量与空间尺度相协调的品种；专用出入口的植物配置要注意绿化的遮挡作用以及方便消防、管理车辆出入。

公园出入口处的植物配置要与公园大门相互协调，突出公园的特色，展示造园风格。如果公园大门高大、现代，可以采用规则式的绿化配置，或营造层次丰富的植物景观，如设置花坛、花架或利用植物与水池、喷泉组景，意在突出园门特征；如果公园大门内外空间相对狭小，如规模较小的综合公园大门或公园的次入口，则可以利用高大乔木配以美丽的观花、观叶灌木或草花，以营造出清新优雅的小环境。公园大门前的停车场四周可以用乔、灌木来绿化，以便于夏季遮阴并起到隔离环境的作用。

公园出入口处的植物景观还应该与入口区城市街道景观相互协调，丰富城市街景，并且展示公园特色。

五、园路规划与植物配置

园路是公园的重要组成部分之一，它承担着引导游人、连接各区、分隔空间等方面的功能。园路的植物配置既不能妨碍游人视线，又要起到点缀风景的作用。园路按其作用及性质的不同，一般分为主要道路、次要道路、游步道三种类型。

（一）主要道路

主要道路是形成道路系统的主干，它依地形、地势、文化背景的不同而作不同形式的布置。公园主路的宽度为 4~6m，道路纵坡不大于 8%，主路不设置台阶。其绿化可列植高大、浓荫的乔木，树下配置较耐阴的花灌木，园路两旁也可以用耐阴的花卉植物布置花境。如果不用行道树，则可以结合花境和花坛布置自然式的树丛和树群。主路两边要设置座椅供游人休息，座椅附近种植高大的阔叶树种以利于遮阴。以水面为中心的传统园林，主路多沿水面曲折延伸，如北海公园、颐和园、紫竹院的主要道路布局依地形布置成自然式。

（二） 次要道路

次要道路宽度一般为 2~3m，地形起伏可比主要道路大，坡度大时可设置平台、踏步。次要道路的布置要利于便捷地联系各区，沿路又要有一定的景色可观。可以沿路布置林丛、灌丛、花境美化道路，做到层次丰富，景观多变，达到步移景异的效果。

（三） 散步小道

散步小道分布于全园各处，是园林中深入山间、水际、林中、花丛的供人们漫步游赏使用的园路，其布置形式自由，行走方便，安静隐蔽，一般宽度在1.5~2m。两旁的植物景观应该给人亲近之感，可布置一些小巧的园林小品，也可开辟小的封闭空间，结合各景区特色细致布景，以乔、灌、草结合的方式，形成丰富的层次、色彩。

园路植物配置还要根据地形、建筑、风景的变化而变化。平地的园路可用乔灌木树丛、绿篱、绿带分割空间，使园路时隐时现，产生高低起伏之感。山地的园路要根据地形的起伏，疏密相宜地设计种植。在有风景可观赏的山路外侧，宜种矮小的花灌木和草花，不影响游人观景；而在无景可观的山路两侧，可以密植或丛植乔灌木，使山路隐蔽在丛林之中，形成林间小道。园路转弯处和交叉口是游人游览视线的焦点，是植物造景的重点部位，可用乔木、花灌木点缀，形成层次丰富的树丛、树群。公园中的机动车辆通行道路两侧不得有低于 4.0m 高的枝条；方便残疾人使用的园路边缘，不得选用有刺或硬质叶片的植物；植物种植点距园路边缘不小于 0.5m。

第二节　纪念性公园的植物造景设计

一、纪念性公园的性质、任务

纪念性公园是为纪念历史事件或历史名人等而建造的公园，其功能是激发人们的思想感情，供后人瞻仰、凭吊、开展纪念性活动等。纪念性公园作为城市公园绿地的一种，还可供游人游览、休息和观赏。

二、纪念性公园的内容及布局特点

由于纪念性公园具有不同于一般城市公园的性质，在其内容及布局形式上通常具有以下特点。

（一）采用规则式布局

纪念性公园的总体规划常采用规矩式布局手法，其平面具有明显的主轴线干道，主体建筑、纪念形象、纪念雕塑等通常布置在主轴的制高点上或视线的交点上，以突出主体。其他附属性建筑物一般也受主轴线控制，对称布置在主轴两旁。

（二）以纪念性建筑或雕塑作为公园主体

纪念性公园通常用纪念性建筑物、纪念形象、纪念碑等来体现公园主体，以此渲染突出主题，展现历史事件和英雄人物的风貌，如南京雨花台烈士陵园以"殉难烈士纪念群像"为主景，长沙烈士公园以烈士纪念塔为主景等。

（三）以纪念性活动和游览休息等不同功能划分空间

为方便群众的纪念活动，园中通常利用建筑、山体或植物将纪念区和园林区划分开，使其不受其他活动的干扰。

三、纪念性公园的类型

面积较小的纪念性公园常附属于综合公园之中，以公园的一个分区或景点形式出现，如长沙岳麓公园的蔡锷、黄兴墓庐等。面积较大的纪念性公园以独立公园的形式存在，按照公园内容可分为以下三类：

第一，为纪念具有重大意义的历史事件的纪念性公园，如为胜利、解放纪念日等而建造的公园。

第二，为纪念革命伟人而修建的公园，如故居、生活工作地、墓地等。

第三，为纪念为国牺牲的革命烈士而修建的公园，如纪念碑、纪念馆等。

四、纪念性公园的功能分区及其设施

纪念性公园在分区上不同于综合公园，根据公园主题和内容一般可分纪念区和园林区。

（一）纪念区

该区用于开展纪念性活动，由纪念馆、纪念碑、纪念塑像、纪念活动广场等组成。该区内不论主体建筑组群还是纪念碑、塑像等，在平面构图上均采用对称的布置手法，其本身也多采用对称均衡的构图手法，用以烘托主体形象，体现庄严肃穆的气氛。

（二）园林区

该区主要是为游人提供良好的游览、观赏景观，为游人休息和开展游乐活动服务。全区多采用自然式的布置手法，因地制宜，在区内不规则地摆置亭、廊、景石等园林小品，营造活泼自然的气氛。

五、纪念性公园的植物造景

（一）植物在纪念性公园中的作用及意义

植物是纪念性公园中极其重要的素材，它构成公园的景观元素，而且还通过不同造景形式创造出更丰富的景观内涵。

1. 植物的象征意义

植物有象征性作用，古今中外人们都借用不同的植物来表达特殊的情感。例如垂柳被赋予了一种依依惜别的情调；松柏自古以来便代表亘古长青之意；枫树代表晚年的能量；银杏象征稳固持久的事物等。由于这些含义被广泛地认同和接纳，在纪念性公园中使用这些植物可以烘托纪念气氛和抒发追古思今的情怀。

2. 植物的空间建造功能

在纪念性公园中，植物的景观对总体布局和空间的形成非常重要。大型的乔木或树林可以构成纪念性公园中的主景或标志物。灌木、攀缘植物等地被植物通常用来暗示空间的边界或设置障景。

3. 用植物营造意境

建造纪念性公园的目的是满足人们的某种纪念情感的需要，所以纪念性公园的本质是物化形态的精神象征物，以物质传达精神是它的首要任务。纪念性景观的宗旨就在于塑造纪念性氛围，传达纪念性情感。这种传达，可以通过植物造景创造一种意境，激起人们感情上的波澜。纪念性公园中常将植物拟人化，或利用植物的形态和色彩烘托公园的主题和意境。如种植松、柏、银杏等以象征伟人的精神品质永垂不朽；尖塔形的植物常被栽植在陵墓或陵园中来体现庄重肃穆的氛围；通常栽植色彩深暗、花色朴素的树种以营造庄重、严肃、恭敬的意境。植物的荣枯以及季相变化也可以引起参观者对生、死、轮回的联想。

（二）植物选择

纪念性公园是通过形象思维而创造的一种激起人们思想感情的精神环境，主要任务是供人们瞻仰、凭吊、开展纪念性活动和游览、休息、赏景等。因此，在纪念性公园中大多以树形规整、枝条细密、色泽暗绿的常绿针叶树种作为主调树，营造出一种庄严肃穆的气氛。在园林区内还可配置一些常绿阔叶树种、竹林以及花灌木，形成郁郁葱葱、疏密有致、层次分明、季相明显的林木景观。纪念性公园的植物选择可根据不同功能区的要求分别考虑。

1. 纪念区植物选择

（1）以松柏类为主要建群树种，广泛运用常绿树种

大量针叶树种的运用为纪念区奠定四季常青的景观基调，纪念区内常选用雪松、圆柏、赤松、龙柏、马尾松等，体现伟人精神的高洁和永垂不朽，也代表了人们对伟人的无限敬仰之情。除松柏类植物以外，纪念区还可大量种植山茶、桂花、石楠、大叶黄杨、八角金盘等常绿乔灌木，构成不同的植物造景形式，丰富园区的景观效果。

（2）栽植落叶乔木及观花、观果植物，丰富植物群落季相变化

通过在园区栽植落叶乔木及观花、观果植物，增加园区植物群落的季相变化，丰富植物景观。纪念区植物景观主要突出雄伟庄重之感，但过多的常绿树种难免会显压抑、呆板。为了打破这种单调，采用落叶乔木来丰富四季色调。如在纪念广场栽植高大的悬铃木，松柏与枫香、银杏间植，红枫与鸡爪槭在常绿树种的衬托下丛植。迎春、杜鹃、火棘、凤尾兰等花灌木的种植也可使园区景观色彩分明。

（3）选用古树名木点缀园区

古树名木苍劲古雅，姿态奇特，令游人流连忘返。在纪念区中用古树名木点缀园景，不仅提升了园区植物配置的观赏性，更进一步深化了园区植物景观的丰富内涵，象征着伟人的精神和形象流芳百世。古树名木，或具有某种特定的历史

纪念意义的树种可作为园区的独立景点展示。

2. 园林区植物选择

园林区以供游人休息、游览、观赏为其主要功能，应通过植物配置营造出轻松愉悦、富有生气的氛围。在植物选择上可以以高大的常绿树群作为背景，以达到全园风格的统一协调。同时，可选用树形挺拔、枝叶秀美、冠幅开阔的落叶阔叶树、秋色叶树种、观花树种等，如黄连木、枫香、麻栎、榉树、银杏、玉兰、迎春、桃花、栀子花、紫薇等，丰富园中的季相变化和景观效果。园中也可以设置疏林草地，营造出安静、休闲、舒适的空间环境。

（三）种植设计

纪念性公园的植物造景应与公园的内容和性质相协调。纪念性公园在功能分区上由纪念区和园林区两个区域组成，两区的种植设计和植物选择有着明显的差异。

1. 公园出入口

纪念性公园的大门一般位于城市主干道的一侧。为了突出公园的位置和纪念性质，常在纪念性公园大门两侧用规则式的种植方式对植一些常绿树种。公园出入口是游人集散的地方，游客量大，集散时间较为集中。出入口需要为游客提供开阔的场地和视野，因此，公园出入口处常设有铺装广场或草坪，以方便游客停车和集散。出入口广场中心的雕塑或纪念形象周围可以用花坛来衬托主题，主干道两旁多用排列整齐的常绿乔灌木配置，突出庄严、肃穆的气氛。

2. 纪念区

纪念区包括纪念碑、纪念馆、雕塑、基地等。在布局上，通常以规矩的平台式建筑为主。纪念碑、墓一般位于纪念性广场的几何中心或台地的最高点。为了突出主体建筑的崇高、雄伟之意，在纪念碑、墓前的主干道（或墓道）上，常以规则式的植物配置手法为主，采用行列式种植形式，形成整齐、统一又极具博大气势的景观。为体现稳定的节奏，加强秩序性，多选择统一规格的植物材料，并进行统一的养护管理，表现出较强的一致性，这样的植物造景方式具有强烈的节奏感和纵向序列感。在纪念碑四周可以布置草坪，并适当种植一些具有规则形状的常绿树种如桧柏、黄杨球等，周围种植常绿针叶乔木作为背景，营造庄严肃穆的纪念环境。场地周围可点缀红叶树种或红色花卉，与深绿色的植物形成强烈对比，寓意先烈用鲜血换来今天的幸福生活，激发人们的爱国精神。

纪念馆常位于广场一侧，植物造景在风格上延续了纪念碑庄严古朴的韵味，采用乔灌草多层次造景，注重园林植物的形式美。在树种选择上延续以常绿针叶植物为主的风格，其中可以加入观赏性强的乔灌木，如五针松、鸡爪槭、山茶、石榴、梅花、白玉兰、迎春等，营造挺拔秀丽而又富于变化的植物景观。纪念馆是展示历史人物风貌或历史事件的场所，在植物营造时要注重对意境美的追求，植物选择上注重意境深远、含蓄、内秀，情景交融，寓情于景，例如配置梅花、圆柏、五针松、红枫等。

3. 园林区

园林区主要用于游人观赏、游览、休憩、放松心情。植物配置上以丛植为主，辅以孤植、对植、列植、群植、带植、花坛、花台、花丛、花带等多种形式，结合植物的形、色、声、香之美，形成具有特色的树丛、绿丛、"香丛""色丛""声丛"等多种组合的栽植方式。植物布局手法可以因地制宜，乔、灌、草、地被结合，形成丰富多彩的植物群落景观。注意色彩的搭配和季相的变化，可多选用观赏价值高、开花艳丽、树形树姿富于变化的树种，通过丰富的色彩和自然式种植的植物群落，调节人们紧张低沉的心情，创造欢乐的气氛，满足人们一年四季前来观赏、休憩、游览的需求。

第三节　植物园的植物造景设计

植物园是以植物科学研究、科学普及为主，以引种驯化、栽培实验为中心，从事国内外及野生植物物种资源的收集、比较、保存和育种，并扩大在各方面的应用的综合性研究机构。

植物园不仅传播植物学知识，也以其丰富的植物景观，多样化的园林布局形式，为广大群众提供了良好的游览休息绿地。因此，植物园是集科研、科普和游览于一体，以科普为主的公共绿地形式。植物园应创造适于多种植物生长的环境条件，应有体现本园特点的科普展览区和科研实验区；面积宜大于 $40hm^2$，其中专类植物园面积宜大于 $2hm^2$。

一、植物园的功能及组成

（一）植物园的功能

科学研究：科学研究是植物园的主要任务之一。在现代科学技术蓬勃发展的今天，利用科学手段挖掘野生植物资源，调查收集稀有珍贵和濒危植物种类，驯化野生植物为栽培植物，引进、驯化外来植物，培育新的优良品种，丰富栽培植物种类和品种，为生产实践服务，为城市园林绿化服务。研究植物的生长发育规律，植物引种后的适应性、经济性状和遗传变异规律，总结提高植物引种的理论和方法，建立具有园林外貌和科学内容的各种展览和试验区，作为科研科普的园地。

科学普及：植物园通过露地展区、温室、标本室等室内外植物材料的展览，结合植物挂牌介绍、图表说明和解说员讲解，丰富广大群众的自然科学知识。

科学生产：科学生产是科学研究的最终目的。植物园经过科学研究得出的技术成果将推广应用到生产领域，创造社会效益和经济效益。

观光游览：植物园还应结合植物的观赏特点、亲缘关系及生长习性，以公园绿地的形式进行规划设计和分区，创造优美的植物景观环境，供人们观光游览。

（二）植物园分类

植物园按其性质可分为综合性植物园和专业性植物园。

1. 综合性植物园

综合性植物园兼备科研、科普、游览、生产等多种职能，一般规模较大，占地面积在100hm²左右。它是将科学研究同对外开放结合起来，把植物的生态习性与美学特性融为一体的植物园，也是目前世界上较普遍的一种类型。如英国的邱园，其建园目的首先是进行植物分类和植物系统发育方面的科学研究，但它同时也注重植物的经济用途和景观设计。

目前我国综合性植物园中有归科学院系统的，以科研为主，结合其他功能，如北京植物园（南园）、武汉植物园、昆明植物园、南京中山植物园；有归园林系统的，以观光游览为主要功能，结合科研、科普、生产功能，如北京植物园（北园）、青岛植物园、上海植物园、杭州植物园、厦门植物园、深圳仙湖植物园等。

2. 专业性植物园

专业性植物园又称附属植物园，多隶属于科研单位、大专院校。它是根据一定的学科、专业内容布置的植物标本园、树木园、药圃等，如浙江农业大学植物园、武汉大学树木园、广州中山大学标本园、南京药用植物园等。

（三）植物园的组成

综合性植物园可分为四个部分，即：以科普为主，结合休闲游览的科普展览区；以科研为主，结合生产的苗圃试验区；以科教为主，结合科研的科普教育区；以及用于生活服务的职工生活区。

1. 科普展览区

科普展览区是植物园的主要组成部分，它以满足植物园的观赏功能为主，向游人展示植物世界的客观规律、人们利用植物和改造植物的知识以及美丽的植物景观等。

2. 苗圃试验区

苗圃试验区是专门进行生产和科学研究的用地，仅供专业人员参观学习。为了减少人为的破坏和干扰，苗圃试验区应与展览区隔离，应设有专用出入口，并且要与城市交通有方便的联系。该区主要包括以下三个区域。

（1）苗圃区

苗圃区一般不对游人开放。该区一般地形平坦、土壤深厚、水源充足、排水及灌溉方便、用地集中，靠近实验室、研究室、温室，同时还设有荫棚、种子球根储藏室、土壤肥料制作室、工具房等设施。植物园的苗圃，包括实验苗圃、繁殖苗圃、移植苗圃、原始材料苗圃等。

（2）温室及引种驯化区

该区设有一系列引种驯化、杂交育种及生物实验等场地和设施，以及实验室、温室等建筑。

（3）植物检疫区

该区与其他区有所隔离，对新引种的植物进行隔离、检疫。

3. 科普教育区

该区是集中设置科学普及教育设施的区域，一般建在全园比较安静的地方，主要供植物学工作者学习研究之用。该区所包含的内容有：少年儿童园艺活动区、图书馆、标本馆、植物博览馆、报告厅等。

4. 生活服务区

一般植物园多位于市郊，离市区较远。为满足职工生活需要应设有相应的生活服务区。区内建筑和生活服务设施应齐备，包括行政办公楼、宿舍楼、餐厅、托儿所、理发室、锅炉房、银行、邮局、医院、综合性商店等，其布置与生活居住区相同。

二、植物园的植物造景

（一）植物选择

植物园作为一个集科研、科普、游览于一体的园地，应根据各地各园的具体条件，尽量使收集的品种丰富，特别是一些珍稀、濒危的植物品种。

（二）种植布局

植物园的种植设计应在满足其性质和功能需要的前提下，讲究景观的艺术构图，使全园具有绿色覆盖和较稳定的植物群落。在形式上，以自然式为主，配置密林、疏林、群植、树丛、草坪、花丛等景观，并注意乔、灌、草本植物的搭配。

植物园主要针对科普展示区进行植物景观营造。一般可将科普展示区划分为以下八种展区。

1. 植物进化系统展览区

该区是按照植物进化系统，分目、分科布置，反映出植物由低级到高级的进化过程，使参观者不仅能学习到植物进化系统方面的知识，而且对植物的分类和各科属种的特征有一个大概的了解。因造园国家所采用的分类系统不同，这类展区布置的形式也有差异，我国在裸子植物区多采用郑万钧系统，被子植物区多采用恩格勒或哈钦松系统。

这类展区在营造景观时，首先要考虑生态相似性，即在一个系统中尽量选择生态上有利于组成一个群落的植物。其次要尽量克服群落的单调性，把观赏特性较好的植株布置在展区的外围，如在布置裸子植物展区时，可把金叶松、洒金侧柏等彩叶植物布置在外面，林内种植常绿的乔木，以增加展示区的美观性。另外，还要使反映进化原则的不同植物尽量按不同的生态条件配置成合理的人工群落，以增加该区物种的多样性。由于在配置时很难同时满足上述条件，故这种展区一般占地面积很小，通常不超过 $5 \sim 10 hm^2$。

2. 经济植物展览区

该区是展示经过搜集，认为可以利用并经过栽培试验属于有价值的经济植物，为农业、医疗、林业和化工等行业提供参考。一般可分为药用植物、香料植物、油料植物、橡胶植物、含糖植物、纤维植物、淀粉植物区等。区内多用绿篱或园路对各小分区进行隔离。

3. 植物地理分布和植物区系展览区

这种植物展览区的规划依据是以植物原产地的地理分布或植物的区系分布为原则进行布置的。一般占地面积较大，多见于国外少数大型植物园中，如莫斯科植物园的展览区曾分为：远东植物区系、俄欧部分植物区系、中亚细亚植物区系、西伯利亚植物区系、高加索植物区系、阿尔泰植物区系、北极植物区系等七个区系。按区系布置展览区的植物园还有加拿大的蒙特利尔植物园、印度尼西亚爪哇的茂物植物园等。

4. 植物的生态习性、形态与植被类型展览区

这类展览区是按照植物的生态习性、植物与外界环境的关系以及植物相互作用而布置的展览区。

（1）植物生态习性展区

植物的生态因子主要有光、温度、水分和土壤，植物通过对生态因子的长期适应，形成不同的群落。该展区按生态因子布置展区，并通过人工模拟自然群落进行植物配置，表现出此生境下特有的植物景观。如水生植物展览区，可以创造出湿生、沼生、水生植物群落景观；岩石植物展览区和高山植物展览区是按照岩石、高山、沙漠等环境条件，布置高山植物群落和沙漠植物群落。由于园区立地条件的限制，在按生态因子布置展区时不能面面俱到，只能根据当地的气候环境特点突出表现一两种生态类型的群落景观。

（2）植物形体展示区

按照植物的形态分为乔木区、灌木区、藤本植物区、球根植物区、一二年生草本植物区等展览区。这种展览区在归类和管理上较方便，所以建立较早的植物园展览区通常采用这种方式，如美国的阿诺德植物园。但这种形态相近的植物对环境的要求不一定相同，如果绝对地按照此方法分区，在养护和管理上就会出现矛盾。

（3）植被类型展示区

世界范围的植被类型很多，主要有热带雨林、季雨林，亚热带常绿阔叶林、暖温带针叶林、亚高山针叶林、寒带苔原、草甸草原、温带草原、热带稀树草原、荒漠带等。要在某一地点布置很多植被类型的景观，只能借助于人工手段去

创造一些植物所需的生态环境，目前常用人工气候室和展览温室相结合的方法。展览温室在我国可布置热带雨林景观，也可布置以仙人掌及多浆植物为主题的荒漠景观；人工气候室在国外多有应用，可用来布置高山植物景观。

5. 观赏植物以及园林艺术展览区

我国植物资源十分丰富，观赏植物种类众多，这为建立各类观赏专园提供了良好的物质条件。在植物园中可将一些具有一定特色、品种及变种丰富、用途广泛、观赏价值高的植物，辟为专区集中栽植，结合园林小品、地形、水景、草坪等形成丰富的园林景观。本区布置的形式有：

(1) 专类花园

大多数植物园内都有专类园，它是按分类学将内容丰富的属或种专门扩大收集，辟成专园展出，常常选择观赏价值较高、种类和品种资源较丰富的花灌木。在植物景观营造时要结合当地生态、小气候、地形设计种植。还可以利用花架、花池、园路等组成丰富多彩的植物景观。常见的专类花园有山茶园、杜鹃园、丁香园、牡丹园、月季园、樱花园、梅花园、槭树园、荷花园等。以木兰、山茶园为例：

乔木：白玉兰、朱砂玉兰、广玉兰、厚朴、凹叶厚朴、木莲、红花木莲、深山含笑、乐昌含笑、醉香含笑、杂种鹅掌楸、厚皮香、山茶、红花油茶等。

灌木：紫玉兰、夜合、含笑、茶梅等。

草本植物：中国水仙、雪滴花、雪钟花等。

(2) 专题花园

将不同科、属的植物配置在一起，展示植物的某一共同观赏特性，如以观叶为主的彩叶园，以体现植物芳香气味为主题的芳香园，以观花色为主的百花园，以观果实形体、颜色为主的观果园等。在植物配置时要考虑各种植物的观赏特性是否与主题相合，其次要注意植物季相的变化。以芳香园为例：

乔木：合欢、月桂、香樟、暴马丁香、柑橘、华椴、心叶椴、刺槐等。

灌木：含笑、花椒、狭叶山胡椒、竹叶椒、夜合、百里香、大花栀子、月季、兰香草等。

藤本植物：金银花、木香等。

草本植物：薄荷、留兰香、玉簪、地被菊等。

(3) 园林应用展览区

该区是指在植物园中设立的可为园林设计及建设起到示范作用的区，向游人展示园林植物的绿化方法及在其他方面的用途，达到推广、普及的目的。一般包括花坛花境展览区、庭院绿化示范区、绿篱展示区、整形修剪展览区、家庭花园展示区等。这类展览区在种植设计时既要有普遍性，又要有新颖性。普遍性是指植物材料要有一定的代表性，取材较为常见。新颖性是指绿化的方法及造景方式要有创新，至少与当地常见的应用方法有所区别。

（4）园林形式展览区

展示世界各国的园林布置特点及不同流派的园林特色。常见的有中国自然山水园林、日本式园林、英国自然风景园林、意大利建筑式园林、法国规整式园林及近几年出现的后现代主义园林、解构主义园林等。这类展区重点是抓住各流派的特色，展示区面积不一定很大，但要让游人一目了然。如中国古典园林可用一架曲桥或一座古塔点题，日本园林可利用几平方米的地面设一组枯山水景色。

6. 树木园区

树木园区是植物园不可或缺的一个重要组成部分。它是植物园中最重要的引种驯化基地，以展览本地区和国内外露地生长的乔灌木树种为主。一般占地面积较大，其用地应选择地形地貌较为复杂、小气候变化多、土壤类型变化大、水源充足、排水良好、土层深厚、坡度不大的地段，以适应各种类型植物的生态要求。随着植物园观赏、游览功能的日益加强，树木园在景观设计上的要求也逐渐提高。营造树木园要在遵循生态学、分类学的前提下，充分考虑植物的形态、色彩、花果等观赏价值，造出优美的人工林地景观。

7. 温室植物展览区

温室是以展示本地区不能露地越冬，必须有温室设备才能正常生长发育的植物。考虑到有些植物体形高大以及游人观赏的需要，这种温室比一般温室高大宽敞，体量也大，外观雄伟，是植物园中重要的建筑物。温室根据植物对温度的不同需要，可分为高温、中温、低温温室。温室面积的大小和展览内容的多少、品种体量的大小及园址的地理位置等因素有关，如北方天气寒冷，进温室的品种必然多于南方，所以温室的面积就要相应大一些。从世界范围看，现代温室的展览内容一般包括热带雨林植物、棕榈科植物、沙生植物、食虫植物、热带水生植物、室内花园等，有些温室还有蕨类室等阴生植物展览室。

8. 自然保护区

在我国一些植物园内，有些区域被划为自然植被保护区，这些区域禁止人为的砍伐与破坏，不对群众开放，任其自然演变，主要进行科学研究。如对自然植物群落、植物生态环境、种质资源及珍稀濒危植物等项目的研究，如庐山植物园内的月轮峰自然保护区。

在进行具体的综合性植物园设计时，并非必须把上述八类展览区都包括在内，只需涉及其中大部分展览即可。另外，各展区在营造景观时不应该孤立对待，应该根据园林艺术的美学要求将它们结合起来，提高植物园的观赏和游览价值。

除此以外，展览区的园路布置也是营造植物景观的一个关键环节。尽管它和综合公园有很多相似之处，但由于植物园的植物种类和数量明显多于综合公园，故园路又有其特殊的作用，例如用于分隔各种类型的展区。因此在营造园路时宜曲不宜直，园路两旁一般采用与相邻展区相关的树种，而不再另外选择其他树种绿化。有些园路可以直接用草坪铺设或石条与草坪间隔铺设，以突出植物园种植设计的特色。另外，在较为狭长的园路两端，可以用树形优美的植物形成夹景。

第四节　动物园的植物造景设计

一、动物园的类型及分区

动物园是搜集饲养各种动物，进行科学研究和迁地保护，供公众观赏并进行科学普及和宣传保护教育的场所，同时也可提供游人休息、游览、观赏的城市公园绿地。动物园应有适合动物生活的环境；有游人参观、休息、宣传科普知识的设施，安全、卫生隔离的设施和绿带，后勤保障设施；面积宜大于 $20hm^2$，其中专类动物园面积宜大于 $5hm^2$。

一般来说，动物园有以下四种主要任务。

科学研究：动物园是研究动物习性与饲养、驯化和繁殖、病理和治疗方法的试验基地。其收集、记录、分析动物资料所得的科研成果用于解决动物人工饲养、繁殖和解决饲养管理的问题，并为野生动物的保护提供科学依据。

科普教育与教育基地：动物园应向游人普及动物科学知识，宣传生物进化论，使游人认识动物，了解动物种类、动物区系、生活习性，了解动物的发展演化过程以及动物的经济价值，动物、人与环境的相互关系等，从而起到教育人们热爱自然，保护动物资源的作用。同时，动物园还可以作为中小学生动物知识的直观教材和相关专业大专院校学生的实习基地。

实现异地保护：动物园是野生动物，尤其是濒临灭绝的珍稀动物的庇护场所，是保护野外趋于灭绝的动物种群，并使之在人工饲养的条件下长期生存繁衍下去的有效措施。动物园还起到动物种质资源库的作用。

可提供观光、游览及休憩的园林绿地：动物园属于城市园林绿地的一种，它以公园绿地的形式，让丰富多彩的植物群落和千姿百态的动物相映成趣，构成生机盎然、鸟语花香的园区景观，为游人观光、游览、休憩提供良好的景观及环境。

（一）动物园类型

依据动物园的位置、规模、展出的形式，一般将动物园划分为三种类型。

1. 城市动物园

城市动物园一般位于大城市的近郊，用地面积多数大于 $20hm^2$，展出的动物品种和数量相对较多，展出形式集中，以人工兽舍与动物室外运动场为主。按其规模又可分为以下几类：

（1）全国性大型动物园

用地面积不小于 $60hm^2$，展出动物品种近千个，如北京动物园、上海动物园等。

（2）综合性中型动物园

用地面积 $20\sim60hm^2$，展出动物品种可达 500 种左右，如西安动物园、成都动物园、哈尔滨动物园等。

（3）特色性动物园及专类动物园

用地面积 $5\sim20hm^2$，以展出本省、本区特产的动物品种为主，或按动物类型特点展出专类动物，展出品种以 $200\sim500$ 种为宜。如北京八达岭熊乐园、南京玄武湖鸟类生态园以及各地的海洋世界、水族馆、蝴蝶公园、百鸟苑等均属于此类。

（4）小型动物园

附设于中小城市的综合公园内，一般以动物展览区形式存在，也称为附属动物园或动物角。用地面积小于 $15hm^2$，展出动物品种 $200\sim300$ 种，如南京玄武湖动物园、西宁市儿童公园内的动物角等。

2. 人工自然动物园

该类型动物园一般位于大城市的远郊区，用地面积较大，多上百公顷。动物的展出种类不多，通常为几十种。一般将动物封闭在范围较大的人工模拟的自然生存环境中，以群养、敞开放养为主，富有自然情趣和真实感。

3. 自然动物园

一般位于自然环境优美、野生动物资源丰富的森林、风景区及自然保护区。用地面积大，以大面积动物自然散养为主要展出形式。游人可以在自然状态下观赏野生动物，富有野趣。我国四川都江堰龙池国家森林公园就是以观赏大熊猫、小熊猫、金丝猴、扭角羚、天鹅为主的森林野生动物园。要说明的是，此类动物园在绿地分类标准中不属于公园绿地，而属于风景游览绿地中的自然保护区类别。

（二）动物园的组成部分

动物园要有明确的功能分区，各区既互不干扰，又要便于联系；既要便于饲养、繁殖和管理动物，又要能保证动物的展出和游人的参观休息。一般来说，大、中型综合动物园由以下四个功能区组成。

1. 科普、科研活动区

科普、科研活动区是全园科普活动的中心，一般布置在出入口地段，为对游人进行动物进化、种类、习性等方面的科普教育提供便利的交通和足够的场地。区内一般设有动物科普馆，馆内可设标本室、解剖室、化验室、研究室、宣传室、阅览室、录像放映厅等。

2. 动物展览区

动物展览区是动物园的主要组成部分，其用地面积最大。动物展览区由各种动物笼舍以及动物活动场地组成，并为游人参观、游览提供足够的活动空间。一般按照以下五种方式组织布局区域空间。

（1）按动物的进化顺序安排

我国大多数动物园采用这种方式布置展览区，即突出动物的进化系统，由低等动物到高等动物，经历无脊椎动物—鱼类—两栖类—爬行类与鸟类—哺乳类的过程。在此顺序下，结合动物的生态习性、地理分布、游人爱好、地方珍贵动物、艺术布局等做局部调整。这种排列方式的优点是科学性强，便于游人了解动物进化概念和认识动物。但由于同类动物的生活习性有时有较大差异，给管理工作带来诸多不便，如北京动物园就采用的这种方式布置展区。

（2）按动物的地理分布安排

按照动物原产地的不同，结合原产地自然环境及建筑风格来布置展示区，如按亚洲、欧洲、非洲、美洲（北美、南美）、大洋洲等地区布置排列。其优点是有利于创造鲜明的景观特色，并使游人清晰地了解动物的地理分布及生活习性特点，缺点在于投资大，不利于动物的饲养和管理，也不利于向游人介绍动物的进化系统。

（3）按动物的生态习性安排

根据动物生活的环境布局，如水生、草原、沙漠、冰山、疏林、山林、高山等。动物园通过模拟动物生存的不同环境，将各种生态习性相近且无捕食关系的动物布置在一起，并以群养为主，减少种群的单调与动物的孤独感并利于动物的生长与自然繁衍，形成自然生动的动物景观，是一种较理想的布置方式。其缺点在于人为创造景观环境的造价高，需要园区空间大。

（4）按游人喜好、动物珍贵程度和地区特产动物安排

将群众喜闻乐见的动物，如大象、长颈鹿、狮子、老虎、猩猩、猴子等布局在全园中的主要位置，或将珍稀动物安排在突出地段上。也可以将地区特产动物，如成都动物园中的熊猫安排在动物园入口附近的重要位置上。

（5）混合安排

融合上述多种布局方式，兼顾动物进化系统、地理分布和方便管理等因素进行灵活布局。

3. 服务休息区

服务休息区包括为游人设置的休息亭廊、接待室、餐厅、茶室、小卖部等服务网点及休息活动空间。可采取集中布置服务中心与分散服务点相结合的方式，均匀地分布于全园，便于游人使用，常常随动物展览区协同布置。

4. 经营管理区

对动物园事务集中管理的区域，包括行政办公室、饲料站、兽疗所、检疫站等，一般设在隐蔽处，单独分区，有绿化隔离，与动物展览区、动物科普馆等有方便的联系。此区应设专用入口，以方便运输和对外联系。

为了避免干扰和卫生防疫，动物园职工生活区通常设在园外。

二、动物园植物景观营造

现代的动物园规划设计日渐趋向自然式风格，动物园内的绿化也要求尽量仿

造各类动物原产地的自然生态环境和自然穴巢来布置，包括植物、气候、土壤、地形、水体等环境。首先，动物园的植物景观营造应为园中的各类动物创造接近自然的生态环境，以保证来自世界各地的动物能安全、舒适地生活；其次，植物景观还应为动物笼舍和陈列创造衬托背景，应注意植物在形、色、量上的协调以及植物与其他景观要素的协调，以形成一个良好的景观背景；再次，植物景观营造还应考虑为游人观赏动物创造良好的视线、遮阴条件等，并为游人休息提供优美的景观空间；最后，在动物园的外围还应设置一定宽度的防污隔噪、防风、防菌、防尘、消毒的卫生防护林带。

（一）动物园植物景观营造原则

一般来说，动物园植物景观营造要注意以下四个原则。

1. 安全性原则

一方面要考虑某些动物有跳跃或攀缘的特点，种植植物时要注意不能为其所用，避免造成动物逃逸，对人畜构成伤害，如猴类这种攀缘和跳跃能力很强的动物，要防止其借助猴舍四周种植的树木攀登逃逸；另一方面要注意利用植物配置阻隔动物之间的视线，尤其是存在捕食关系的动物，以减少动物之间相互攻击的可能性，保障动物安全。

2. 生态相似性原则

生态相似性原则指依据展览动物在原产地的生态条件，通过地形改造与植物配置，创造出与原产地相似的生态环境条件，以增加动物异地生存的适应性，并提高展出的真实感和科学性。如骆驼原产于热带沙漠，为创造沙漠地带的生境，比利时安特卫普动物园就在骆驼园里铺了大量的黄沙，并结合地势造出沙丘、绿洲、小溪等原产地的自然景观，营造出良好的栖息环境。

3. 美观实用原则

动物园绿化的目的是为动物创造原生活地特有的植物景观，为建筑物创造优美的衬景以及为游人创造参观休息时良好的游览环境。绿化时既要考虑到动物的要求，也要照顾到游人在欣赏动物时良好的观赏视线、背景和遮阴条件，如可以在兽舍附近的安全栏内种植乔木或与兽舍组合成的花架棚等。兽舍外环境能绿化的要尽量绿化，其绿化风格及色调使兽舍内外连成一片，形成统一风格，同时也给游人休息和遮阴提供一个良好的条件。

4. 卫生防护隔离原则

卫生防护隔离原则即利用植物隔离某些动物发出的噪声和异味，避免相互影响和影响外部环境。动物园的周围要设立卫生防护林带，林带宽度可达到30m，组成疏透式结构林带。卫生防护林带起防风、防尘、消毒、杀菌的作用。在园内可以利用园路的行道树作为防护林带。按照有效防护距离为树高的20倍左右计算，必要时园内还可增设一定的林带，真正解决动物园的风害问题。在一般情况下，利用植物的绿化作为隔离，解决卫生保护问题是有效的，但对于一些气味很大的动物笼舍，光靠绿化隔离带是不行的，还要靠在规划时把这类笼舍安排在下风方向，并在其周围栽植密林来适当地隔离这些笼舍。

（二）植物种类选择

动物园的绿化植物种类选择，除了应具备同其他公共绿地选择植物的一般规定，如适地适树；具有相应的抗病虫害、抗逆性；能适应栽植地的养护管理条件等要求外，还需要具备以下三点要求。

1. 选择适宜动物生物习性，利于展示区组景的植物

在前文生态相近性原则中已经提到，在动物园内创造动物原产地的生境和植被景观，不仅是满足动物生活习性的需要，同时也是增加动物展出的真实性和科学性的有效手段。在营造与动物原产地相似的生境时，并不能照搬原产地的植物品种，因植物的适应性有限度，引种驯化也是比较复杂的事情，可以选用植物群体景观或个体形态相似于原产地的植物品种，营造出稳定性较强的人工群落。

2. 种植对动物无毒、无刺，萌发力强，病虫害少的树木种类

在配置动物活动范围内的植物时，不仅要选择有较高观赏价值的植物，同时这些植物对于动物不能引起伤害。在动物活动场上不能种植叶、花、果有毒或有尖刺的树木，以免动物受到伤害。如构树对梅花鹿有毒害，熊猫误食槐树种子易引起腹泻，核桃等对食草动物有害等。其他植物如茄科的曼陀罗、天南星科的海芋、石蒜科的水仙、夹竹桃科的夹竹桃等均含有对动物有毒害的物质。

3. 选择的植物具有长期性

植物配置的长期性是指所选用的植物的茎、叶应是动物不喜欢吃的树种，否则易被啃食。例如，鹿不吃罗汉松的树叶，则可以在鹿舍周围种植罗汉松。但也有相反的情况，如在食草性动物展区内种植大面积的动物可食的草本植物，或者

在其他展区内种植果实能被动物采食的树木，如在鸟园中种桑葚等，以更好地为动物营造大自然的氛围。

（三）种植布局

动物园的规划布局中，植物种植起着主导作用，不仅创造了动物生存的环境，也为游人游览创造了良好的游憩环境，使园内景观得以统一。

1. 植物造景与分区结合，形成各区特色

动物园的植物种植应服从动物分区的要求，配合动物的特点和分区，通过植物种植形成各个展区的特色。即结合动物生活习性和原产地的地理景观，通过植物种植创造动物生活的环境气氛。另外，可以根据展示动物选择合适的植物品种，按照群众喜闻乐见的方式组合起来，如在猴山周围种植桃、李、杨梅、金梅等，以营造"花果山"的景致；在百鸟园栽植桂花、茶花、碧桃、紫藤等营造出"鸟语花香"的景色；又如在熊猫馆附近多种竹子，爬虫馆可多选用蔓藤植物，狮虎山可设计以松树为主的植物群落等。

动物展区的植物景观按动物生活环境配置的主要景观形式如下：

（1）丛林式

高大茂密的乔木丛林可以营造出一定的自然环境，这类景观形式适用于喜欢安静的动物，为它们提供理想的藏身之处。

（2）湖泊溪流式

适用于两栖动物、水生动物及一些水鸟展区，岸边植低矮的灌丛，为动物提供休息场所。

（3）沼泽式

用于鳄鱼、河马等动物的展区，以沼生植物为主，用石块把深水、浅水区分开，也可以完全模仿自然滩涂地景观，种植野生植物。

（4）开阔疏林式

用于性情温顺的食草动物展区，植物配植应有利于空间的通透性，一般以草本植物为主，再配植分枝点较高的乔木。

2. 应根据动物习性选择动物喜爱的植物合理配置

如猴园中可选柔韧性较强的藤本植物以利于猴子玩耍；喜阳光的动物展区可种植大面积的草坪，喜阴凉环境的动物展区内多种植高大的乔木等。

3. 植物的种植布置要利于为动物创造更好的生活环境

可利用植物起到遮阴、避雨、防风、调节气候和阻挡尘土的作用。如动物兽舍迎风面的绿化多种植常绿树种减小风力，而在笼舍和活动场地多种植落叶阔叶树种，保证动物在冬天能获得充足的日照。

4. 动物园园路绿化

动物园的园路绿化也要求达到一定的遮阴效果，可布置成林荫路的形式。陈列区应有布置完善的休息林地、草坪用作间隔，便于游人参观动物后休息。建筑广场道路附近应作为重点美化的地方，充分发挥花坛、花境、花架及观赏性强的乔灌木风景装饰的作用。

5. 防护林布置

动物园的周围应设有 30m 的防护林带。在陈列区与管理区、兽医院之间，也应配置栽植隔离防护林带。

第五节　竹主题公园的植物造景设计

竹主题公园指以竹文化为主题，以竹子造景为主要特色的城市公园。竹主题公园的类型既可以是单独设置的市级、区级、居住区级公园或街头小游园，也可以是附属于综合公园或专类公园的园中园。竹主题公园因竹成景，以竹取胜，运用现代园林造景手法科学地组织观赏竹种的形式美要素，同时结合必要的人文景观，创造出深远的园林意境，全面展示竹子外在的秀美风姿和内在品质，集自然景观和人文景观于一体。

一、竹主题公园的分类

竹主题公园为竹类植物的收集提供了适宜的生境，同时也具有相关科普、教育功能。按照竹主题公园的主题和功能不同，可将其分为以下三类。

（一）竹文化为主题

竹文化景观是中华民族为了特定的实践需要而有意识地用竹创造的景象，现有以竹文化造园的代表是历史名竹园和博览会中的竹园。历史名竹园通常是历史悠久、知名度高，曾以竹景著称的私家园林，属于全国、省、市、县级文物保护单位，如上海古猗园、扬州个园。以文化为主题的竹类公园多采用人工写意式的表现手法和古典式园林的设计风格，以人工造景为主，天然景观为辅，古建筑、置石、水景配以翠竹点缀其间，通过"竹径通幽""移竹当窗""粉墙竹影""竹石小品"等手法表现中国古典园林的精髓。

各届世博园通常设有竹类植物专题园，集中展示各种竹类植物的应用形式，让人们在欣赏竹类植物景观的同时，认识和了解竹类植物的价值和文化。

（二）竹品种与科普教育为主题

中国目前有竹类 40 多属 500 多种。由于各类竹对生长环境的要求不一样，生态环境的破坏威胁到许多野生竹类的生存，建造竹品种多而全的公园即是竹类的天然基因库，再加上竹具有经济、社会、环境、科研的价值，有"以竹代木"的广阔前景，所以很多地方出现了以科普教育、科研培育、种质收集为主题的竹主题公园。有在城市的郊野修建的大型竹种园，如浙江的安吉竹种园；以竹类植物为主要构景元素的综合性公园，如北京紫竹院公园；以及植物园中的竹园，如华南植物园的竹园和北京植物园的集秀园等。这类公园通常以竹为基调，以竹文化为主线，设立观赏竹区、竹子引种分类区和科技示范区三大功能区，集科研生产、科普教育、观光旅游等功能于一体。

（三）竹林生态旅游为主题

"中国竹子之乡"越来越多，各地纷纷以竹海的资源优势发展生态旅游，其中典型的有四川蜀南竹海、沐川竹海，贵州赤水竹海等。它们紧跟市场步伐向着集观赏旅游、生态保护及竹产品开发于一体的方向发展。此类竹园拥有大面积竹林形成广袤的"竹海"，与大自然的山水相结合，其中或有林泉丘壑、悬崖峭壁、瀑布彩虹、湖泊峡谷，自成天然之趣。竹海景观的设计依承自然山水式园林风格，以天然景观为主，人工景观为辅，利用大自然丰富的自然景观资源，经过巧妙设计，使竹林景观与地形起伏、建筑布局相映成趣，构成了生动的园林景观。

二、竹主题公园的总体布局

（一）总体规划

竹主题公园的总体布局应运用形式美的规律处理景区、园林景点和风景透视线的布局结构和相互关系，使全园既有景区特色的变化，又有统一的艺术风格。如上海万竹园规划有"竹与生活展示区""竹与名人展示区""竹品种展示区""竹与文化展示区"和"竹与民族展示区"五大景区，各个景区之间既有分隔又有联系，并且相互呼应衬托，从各个侧面展现了竹子造景的人文景观和自然景观。

竹主题公园总体布局应遵循因地制宜的原则。宜山则山，宜水则水，以利用原地形为主，进行适当的改造。如北京紫竹院公园筠石苑原为公园花圃，地势平坦，造园者并没有一味地挖湖堆山，简单刻板地模仿古典园林"一池三山"的自然山水园林形式，而是基于引水入园和造景的需要，将地形做成缓坡和山丘，以竹、石、水面和轻巧的建筑穿插于起伏的地形之中，形成一组幽雅的园林景观。

（二）分区规划

分区规划是将竹主题公园分成若干个小区，然后对各个小区进行详细规划。根据分区标准和要求的不同，分区有两种形式：景观分区和功能分区。其中，景观分区作为中国古典园林独特的规划手法，被广泛应用于现代公园的规划中。景观分区主要是将园中自然景色与人文景色突出的某片区域划分出来，并且拟定某一主题进行统一规划，这种规划手法是从艺术形式的角度来考虑公园的布局，其特点是含蓄优美，富于趣味。功能分区主要强调宣传教育与游憩活动的完美结合，更着重体现其综合性和功能性，这种规划手法是基于实用的角度来安排公园的活动内容，具有简单明确、实用方便的特点。

竹主题公园的分区规划要使各分区的功能、活动内容互不干扰，突显主题。所以，要根据自然环境与现状特点分区布置，且必要时进行穿插安排，始终坚持因地制宜、宜曲不宜直的原则。通常情况下，采用起点—高潮—结尾三段式的处理方式，以形成游赏景点的情节变化。总体来讲，分区规划应该遵循以下原则。

1. 依托资源原则

资源特点是分区规划的主要依据，功能分区的划分必须依托资源的比较优势进行，最大限度地挖掘资源价值，要科学利用、合理规划，避免对场地内资源的浪费。

2. 功能复合原则

根据各分区的环境特点，规划不同的活动内容以及项目，使其形成有效的互补关系，避免重复建设与盲目开发，并能体现多样化。例如打造多样化的竹文化产品，包括科普教育、休闲体验、美食与旅游等。

3. 完整性原则

分区规划既要考虑各分区资源性质、环境的不同，又要兼顾各分区相互配合、相互补充的协调性、统一性与连接性，形成统一完整的概念。

4. 突出主题原则

分区规划既要突显各自主题特色又不能与整体文化主题相偏离，规划上应力求功能与艺术的有机统一。在具体规划中，功能分区主要结合主题公园的类型进行划分，使各个功能分区的建筑、景点及基础设施与主题环境相协调。例如，与城市生活联系密切，以游览观光型和文化体验为主的竹主题公园，其功能区划分与一般性综合公园相似，通常可以划分为观赏游览区、文化娱乐区、安静休息区、竹文化展览区、竹类专题体验区、老人儿童活动区、公园管理区等；以生态旅游和科普教育为主的竹主题公园，其功能区一般可以划分为观赏游览区、娱乐活动区、竹文化展示区、主题体验区、公园管理区、旅游接待服务区、科研科普及生产区等。

（三）景点规划

景点是构成竹主题公园景区的基本单元，它具有一定的独立性，若干个景点构成一个景区。景点设计秉持中外结合、古今结合的理念，将技术与创意相融合。要充分利用景观轴线的衔接，建造出主题鲜明、特色明显的景观体系。因此，景点规划的重点在于选景与景观轴线两个方面。

为了充分展示园林景点的静观和动观效果，景点的布设既要注意提供游人驻足留憩、细细欣赏的观赏点，也要善于运用风景透视线来联络组织各个景点。

三、竹类公园的造景原则

（一）主题性原则

植物造景时，主题性原则起着纲领性作用。主题性原则也是竹主题公园植物造景中心思想的体现。首先要确定一处植物景观需要表现什么样的主题，其次再考虑如何根据主题来表现景观。

植物造景的主题往往因为环境和景观功能不同而不同，观赏竹造景也是如此。中国古典园林中，由于讲究静坐细品，追求层次丰富、诗情画意、意境深远的植物景观，常常会营造“竹径通幽，曲折多变”的竹景观，达到“小中见大”的艺术效果。现代公园是为广大市民服务的，其功能主要是改善和美化城市环境，植物造景强调突出自然的植物群体景观，表现植物层次、轮廓、色彩、疏密和季相等，所以营造竹景观要求自由流畅、简洁明快、立意新颖，除了传统的意境，还可创造大色块、大效果，具有现代感的竹林景观。

（二）美学性原则

观赏竹要么竿型挺拔多变，要么枝叶色彩缤纷，风韵独特，颇具美感，可通过姿态、色彩、声音、韵律等方面体会和感受竹的美与趣味。因此竹主题公园观赏竹的配置与造景在遵循基本的造园美学原则的同时，更应当展现竹的独特之美，即形态美、色彩美、意境美。

观赏竹具有丰富的种类，不同的种类具有不同的外在形态。竹的形态美主要由竹竿、枝叶、竹笋来体现：有的竿型小巧，姿态玲珑，如菲白竹；有的竿为方形，节上布刺，如方竹；有的竿如翡翠，鲜绿可人，如翡翠倭竹；有的竹节大小不均，有如人脸，如人面竹；有的竹节膨大，状如算盘子，如筇竹；有的节间缩短倾斜，相互交叉，曲折生长，节间突出，如佛肚竹；有的枝干细柔如柳，有的秆矮叶大，有的竹梢垂悬，等等。

竿、枝、叶均为绿色的竹最多，绿色能唤起人们心理上的舒适感、希望感，但竹景中若只见一片翠绿，则难免单调。可以选择明暗和深浅有差异的竹种搭配形成单色调和的效果。同色相调和的竹景，意象和缓、柔谐。另有许多竹种具有鲜艳的色彩，如凤凰竹、金丝竹、黄竿竹，竹竿为黄色；花叶摆竹、菲白竹黄绿色交替变化，翠绿叶片上间有宽窄不一的黄色条纹；小琴丝竹、黄皮花毛竹的黄色竹竿上有绿色纵条纹，而玉镶金竹、黄槽石绿竹的绿色竹竿上有黄色纵条纹。竹子落叶和新栽竹换叶时，大多数竹叶都将由绿变黄再变红。利用这些特点，可以创造出色彩富于变化，四季均有景可赏的竹景观。

意境美是竹景观造景的最高境界。观赏竹造景，适当利用观赏竹的美学特性，营造诗情画意，可为游人带来身临其境的感官体验，例如“竹风声若雨，山虫听似蝉”等。

（三）艺术原则

同理造型艺术，观赏竹造景的艺术原则也主要体现在变化与统一、协调与对比、韵律与节奏以及均衡四个方面。

（四）生态性原则

竹性喜温暖湿润的气候，一般要求阳光充足，年平均气温 12~22℃，月平均气温 5~10℃以上，年降水量 1000~2000mm，年平均相对湿度 64%~82%。竹对土壤的要求比较高，因为竹子根系密集，竹竿生长较快，蒸腾作用强且生长量大，喜深厚肥沃、排水良好的微酸性或酸性土。一般而言，丛生竹的根系和竹竿非常密集，耐水能力较散生竹强，但对土壤和施肥的要求则高于散生竹；散生竹的根系入土较深，鞭根和竹竿也较稀疏分散，适应性较丛生竹强，分布范围也较大。在园林观赏用竹的选择或引种时，必须充分考虑不同竹种的生物学特性与当地自然条件和造景功能的对接。

例如，刚竹属的竹种一般都有较强的耐寒性，如京竹、罗汉竹、粉绿竹、毛金竹、紫竹、淡竹；巴山木竹属、大明竹属和箬竹属的部分竹种也具有很强的耐寒性，如巴山木竹、苦竹等。这些竹子现已经被成功地引种到北京地区。中国西部高山地区的竹种十分丰富，其中兼具观赏性和耐寒性的竹种较多，如箭竹类的部分竹种、金佛山方竹、筇竹、寒竹等，但这些竹种对大气湿度要求较高，若引种至海拔较低的地区，宜在林下或背阴处栽培。

矮小型的观赏竹，如鹅毛竹、菲白竹、菲黄竹、铺地竹、翠竹，以及箬竹属的大多数竹种，其耐阴性相对较强，在长江流域生长良好，非常适合用作公共绿地的地被植物，或用于点缀山石。青皮竹、孝顺竹、小琴丝竹等丛生竹耐寒性较强，喜土壤深厚疏松湿润之地，可与荷花、迎春等水生、阴生植物在池畔溪边配置成景。琴丝竹、凤尾竹、石竹、葱竹、淡竹等对二氧化硫抗性较强，可种植在工厂、路旁等有害气体污染较严重的地方来改善环境。

（五）文化性原则

进行植物景观营造时，往往都会有指导思想，而这种思想通常来自某种文化，竹是在传统上被赋予丰富文化内涵的植物，竹文化就是竹主题公园的灵魂。

将竹子作为称颂对象的绘画和文学作品在中国文化史上比比皆是，有关竹的诗、词不胜枚举。竹主题公园中植物配置的意境之美往往需要通过文化美来表达。文以景生，景以文传，文景相依，意境美与文化美的有机结合方能营造出诗情画意的意境。另外，植物配置的效果也应跟随现代社会的发展，适当地在发展中求创新，营造直观、简洁的景观效果，使竹景观在具文化性的基础上也富有现代气息，风格多样，雅俗共赏。

四、竹主题公园植物选择

（一）以乡土竹种为主，引进竹种为辅

竹主题公园中以竹造景，应以乡土竹种为主，兼引进具有奇美观赏价值的竹种，形成地方特色。各竹种均分区栽植，挂牌简介；园内可广置凤尾竹、小琴丝竹、紫竹、观音竹制作的竹盆景，更加引人入胜。

（二）根据造景主题选择竹种

在竹类主题公园中选择观赏竹种进行造景时，可以根据造景主题下观赏目的的不同进行选择。如果以观赏竹竿为主要目的，那么可以选择竿色鲜艳的竹种，例如黄竿乌哺鸡竹、黄金间碧玉竹、紫竹等，或者选择竿型奇特的竹种，如龟甲竹、佛肚竹等；以观赏竹叶为主要目的，可选择菲白竹、阔叶箬竹、凤尾竹等；以观赏竹笋为主要目的，可选择红竹、花哺鸡竹等。在进行竹种选择时，还应注意竹种在形状、高矮、排列、光泽、质感上的变化，如泰竹枝柔叶细，孝顺竹密集下垂，凤尾竹枝叶呈羽毛排列，阔叶箬竹植株低矮茂盛、叶片宽大，麻竹、粉麻竹、撑篙竹等竿高叶大。此外，除了选择传统的竹种来展现竹子风采，还可以在"珍""奇"上做文章，例如，选用一些国内的珍稀竹种，如安吉金竹、茶竿竹等。

（三）根据造景环境选择竹种

竹种的选择应根据造景的地理位置、各竹种的生态特性以及观赏价值的高低等因素，进行合理的配置与布局。例如，在有人工堆筑的土丘上进行竹种布置，在土丘顶部宜种植大径竹，中部宜种植观赏价值高的大径竹和中径竹，底部则宜以丛生竹和混生竹为主。在竹种的具体配置上，着重做到适地适竹。较耐旱、耐瘠薄的竹种如红竹、刚竹宜配置在顶部迎风地段；孝顺竹、方竹等喜潮湿环境的竹种，则种植在底部低洼地段；而一些竹种不耐寒或者对土壤和水分要求不高，则应该种植在便于维护的向阳之地。

（四）根据造景方式选择竹种

1.孤植造景的竹种选择

观赏竹孤植，用以鉴赏其形态美感，可点缀园林空间，形成景观焦点，可孤

植给予其足够的空间显示其特性。孤植并不是仅仅指只种植一株植物，而是一个小的植物单元。例如，可以将两株或者三株紧密地种植在一起，形成与单株相同或者相似的效果。孤植竹应该选用能够充分展现竹子风格的竹种，还可以与二年生草花进行搭配种植，并配置一些造型多变的景石，在最大限度上利用空间形成变化丰富的景观。孤植竹也可搭配相映成趣的白粉墙或清水砖墙，主要竹种选择有孝顺竹、花孝顺竹、凤尾竹、佛肚竹、黄金间碧玉竹、崖州竹、大琴丝竹、银丝竹等。

2. 丛植造景的竹种选择

观赏竹丛植是指将三株以上的同种或者不同的观赏竹配置在一起，很好地将个体美和群体美结合起来。同种观赏竹类多丛种植，疏密有致，再配以球形灌木或草坪，是观赏竹类植物配置上常用的方法。

竹丛在园林中的作用可以归纳为以下三点：

第一，可以灵活地分隔、遮挡空间。此时，可以采用枝叶较紧凑的中小型竹类，形成实的空间分隔，利用形态较稀疏的高大型竹种，形成若隐若现的虚的空间分隔，还可以通过使用框景、借景等造景手段，形成相互渗透的空间格局。

第二，竹丛与其他多种元素搭配，如建筑、水体、山石等，可以彼此掩映，营造出充满情致与生机的园林景观。

第三，密实、安全的竹丛还是鸟类及很多小动物乐于栖息的场所，对提高园林的生物多样性和生态稳定性具有一定的作用。主要可选用斑竹、紫竹、短穗竹、寒竹、方竹、螺节竹、龟甲竹、罗汉竹、黄竿乌哺鸡竹、筇竹、金竹、大明竹等。通过观赏竹丛植的造景方式，可进行景观的空间划分。这种人工形成的植物群落其设计手法跳出了模仿自然的框架，展现了现代园林简洁大方的设计风格。

3. 列植造景的竹种选择

观赏竹列植是沿着规则的线条等距离栽植的方式，是快速营造竹景观环境的最佳途径。如采用品字形的列植方式，在平面造型上行与列有序地交错，在立面造型上也形成交叉，景观显得有趣通透。同时，观赏竹列植可协调空间，强调局部风景，一般用于园林区界四周。可选择高大的竹种如粉单竹等，列植可形成竹篱夹道、幽篁成荫的美景。可选用中等高度的竹如花竹等作为绿篱，用于遮挡视线、划分空间。竹篱的用竹以丛生竹、混生竹为宜，常用的有花枝竹、凤尾竹、箭竹、矢竹、孝顺竹、青皮竹、茶竿竹、大节竹、大明竹、慈竹、苦竹等。

4. 林植造景的竹种选择

观赏竹林植可营造出幽邃的竹林景观。"独坐幽篁里，弹琴复长啸，深林人不知，明月来相照"，从古至今，竹林一直是中国园林中独具魅力的审美空间。利用大中型观赏竹营造竹林景观也是观赏竹类一项重要的应用形式。竹林适用的竹种有毛竹、麻竹、灰金竹、方竹及桂竹、龙竹、慈竹等竹种。

5. 地被造景的竹种选择

将观赏竹作为地被植物，进行下层空间的填充，可丰富景观的立面层次。植株高度在 0.5m 以下的观赏竹种类适宜作地被植物或在树木下层配置，与自然散置的观赏石相结合，部分花叶种类还可作配色之用。可选择的竹种主要有铺地竹、箬竹、菲白竹、鹅毛竹、倭竹、菲黄竹、翠竹、狭叶倭竹等。

6. 盆栽造景的竹种选择

观赏竹盆栽造景的手法主要有"全竹盆景"和"竹石盆景"两种。盆栽竹种以竿形奇特、枝叶秀丽的中小型、矮生型及地被竹类为主。适宜进行观赏竹盆栽造景的竹种有佛肚竹、凤尾竹、菲白竹、菲黄竹、箬竹、罗汉竹、金镶玉竹、黄金间碧玉竹、斑竹、紫竹、龟甲竹、肿节竹、螺节竹、井冈寒竹、鹅毛竹、倭竹、翠竹、方竹属、苦竹属中的中小型竹种，以及箬竹属、赤竹属的矮小竹种等。在各类盆栽竹中，对那些植株矮小者，如菲白竹、凤尾竹、小佛肚竹、翠竹、菲黄竹、铺地竹、鹅毛竹、倭竹等，可以直接进行盆栽；对于一些大、中型竹类，如罗汉竹、龟甲竹、大佛肚竹、斑竹、紫竹、黄金间碧玉竹、孝顺竹、小琴丝竹、箬竹、箬竹、赤竹等，一方面可选择体形相对较小的竹（竹丛）用大盆直接盆栽（盆径大于 49cm）；另一方面可将其进行矮化处理后，再进行盆栽。

（五）竹类与其他园林植物的搭配

竹类公园因竹成景，以竹为主，追求清静幽雅的园林创作意境。在竹子景观整体布局的条件下，竹子也可与其他植物配置组景。我国古典园林中竹子与其他园林植物形成了一些固定的配置模式，如"三益之友""岁寒三友""四君子"等，奇松、古梅在竹类公园中不可缺少，也可制作成花台或大型盆景形式。南京情侣园一片竹林边几株桃花，"竹外桃花三两枝"，富于诗情画意，营造出宁静幽远的园林意境。中国古典园林艺术讲究"外师造化，内法心源"，现代园林竹子造景更应师法自然，竹类公园除应保留原址的古树名木之外，竹林景观应形成人工栽培群落，尤其选择观花或观果类植被，如毛竹林下可配置杜鹃、油茶、紫金牛、珍珠莲、新木姜子等。

五、竹类公园的植物造景方式

（一）观赏竹与建筑

竹与园林建筑的配合是互相补充、刚柔并济的。竹与建筑的配置常用的手法有四种：

1. 竹作为主景配置园林建筑

如将廊、榭、轩、斋等景观建筑点缀于大片竹林之间，以营造优雅的清幽环境与气氛。建筑以翠竹为背景，散布在竹林间，营造幽静的休憩空间，此手法在竹主题公园中应用较为常见，如安吉竹博园就常见古亭旁翠竹环绕。

2. 竹作为配景与园林景观建筑配置

如在较高大的现代园林建筑或亭、台、楼、阁、榭等古典园林建筑周围，配置几丛翠绿修竹，通过竹子的绿来衬托建筑色彩，又可以通过竹子的自然形态去软化建筑线条。

3. 竹与其他植物或山石搭配以映衬建筑

如将竹子与苍松、兰花、红梅、黄菊等植物搭配种植，或加上山石点缀，与建筑共同构成具有画面感的丰富景观。

4. 竹与建筑搭配时位置不同则效果也不同

如江南园林中的"粉墙竹影""漏窗竹景"就营造出了含蓄美的意境。可在园墙、园门、角隅、花架、雕塑等处栽植竹子，形成点景、衬景、框景、竹石小品等经典的竹景观。又如位于北京紫竹院公园的"八宜轩"，前临荷塘，背依竹林，景色充满了诗情画意。

（二）观赏竹与山石

假山、景石常作为庭园小品。土层深厚、面积较大的土山，适宜片植修竹或将竹子杂陈于其他乔灌花木之中，将山体成片覆盖，能制造层林叠翠的竹景观；假山若为石山，则多选用形体细小的竹种，如黄纹竹、小琴丝竹、黄甜竹、淡竹等，配于山脚，以显示山之峭拔，突出假山之变化。

在墙边角隅堆置石块或假山，再栽种数竿竿型中小而色泽鲜美的竹子则可形成竹石小品，其情状类似盆景，是园林中障景、框景、漏景的构景方式。扬州个园的竹石小品就颇有特色：园内的四季假山都配置了不同的竹种，春景以刚竹与石笋相配，夏景以水竹与太湖石组合，秋景以大明竹配以黄石，冬景以斑竹、蜡梅配宣石。

竹与石搭配，要根据石的特点进行。石拙而高大，竹宜挺直高耸；石巧而润，竹宜枝梢低垂、轻扶石面。如在公园入口以竹与石的搭配作为标志，层层掩映着刻有园名的假山石，引人入胜。

（三）观赏竹与水体

观赏竹应用于静态水体，可植于岸边，也可栽于水中小土丘上。静水常以湖、池等形式出现，水面平静，周围景物倒映水中。湖边植竹，多采用环水栽植竹，且成片而植。为增加景观的空间层次，所选竹种宜高大挺拔、修长，如毛竹、麻竹、撑篙竹、斑竹、慈竹等。池边植竹，则宜选择中小型竹种，如紫竹、方竹、花竹、湘妃竹等，可使池水更显深邃幽远。水池中种满荷花，夏日香气连连；池岸边种植层层绿竹，千竿挺拔，倒映水中；水面上波光粼粼的光影变化，与池边竹林随风摇曳的身姿相互呼应。

观赏竹也可应用于动态水体中，与溪、泉、瀑布等配合。如驳岸曲折自然、参差错落，沙沙竹叶伴着涓涓水流，更添幽静风凉之感。

（四）观赏竹与园路

古典园林中的道路一般强调"曲径通幽"，竹林小径力求曲折、含蓄、深邃，忌讳用笔直的园路，路面不宜过宽。在园路两侧种竹，形成竹径，竹旁再点缀石笋数片，产生竹林小径通幽的效果。为了丰富还可增加一些其他有色彩的植物进行点缀。上海古城公园中，道路设计与地形设计巧妙结合，曲折有致、起伏顺势，形成了动态的游览路线。道路两侧丛植毛竹与刚竹，与朴素的路面相互掩映，并在路边适当点缀了景石。漫步于小路之中，游人能够感到周围景色时隐时现、忽明忽暗，别有一番情趣。在上海现代公园绿地中，竹子在道路中的应用主要体现在两个方面：一方面是比较宽阔的道路两侧或是中间的隔离绿化带用一些高大的乔木状竹类进行绿化，可以起到形成绿化块的时间短又具有绿化效果的作用；另一方面是在公园绿地用一些中等高度的竹类与小品进行搭配，形成竹林小径。

六、竹类公园的艺术特色

（一）观赏竹的园林艺术特色

竹类在我国园林造园的应用历史悠久，具有独特的艺术风格。竹之美，体现于姿、色、声、韵诸方面，在园林绿化中观赏价值极高。历代名园中以竹为题材的数不胜数，竹子的诗情画意与造园的意境相互渗透融合，创造了众多园林佳景。以竹造园，可以竹造景、借景、障景，或用竹点景、框景、移景，风格多种多样，形成诸如竹篱夹道、竹径通幽、竹亭闲逸、竹圃缀雅、竹园留青、竹外怡红、竹水相依等景观，常见于中国传统园林。

竹类在园林置景中，应用广泛。如寺庙园林喜植紫竹、观音竹、圣音竹等；一般园林中的墙根、假山坡脚与筑篱，多植矮生形的箬竹；景区、景点的曲折通幽之处，往往取用密集多姿、秀雅宜人的凤尾竹、琴丝竹等；居住生活区庭院、公共绿地等常用"岁寒三友"，不但取其形美，更重其意美。

（二）观赏竹在古典园林中的造景艺术手法

以竹造景，竹因园而茂，园因竹而彰；以竹造景，竹因景而活，景因竹而显。竹类因其特殊的美感在中国园林景观设计中成为独具特色、不可缺少的植物造景材料。

1. 竹里通幽

"竹里通幽"包括竹林的静观和动观两个方面。竹林的静观，颇负盛名的是辋川别业里的竹里馆。诗人"独坐幽篁里，弹琴复长啸。深林人不知，明月来相照"，尽情享受竹林的静观之美。竹林的动观，著名的是杭州西湖小瀛洲的"曲径通幽"。它位于三潭印月的东北部，竹径两旁临水，长 50m，宽 1.5m，刚竹高度 2.5m 左右。游人步入竹径，感觉清静幽闭。沿竹径两侧是十大功劳绿篱，沿阶草镶边，在刚竹林外围配置了乌桕和重阳木，形成了富有季相变化的人工植物群落。特别是竹径在平面处理上采取了三种曲度，两端曲度大，中间曲度小，站在一端看不到另一端，使人感到含蓄深邃，竹径的尽头布置了一片开敞虚旷的草坪，营造出一处体现奥旷交替的园林审美空间。

2. 移竹当窗

移竹当窗以窗外竹景为画心，空间相互渗透而产生幽远的意境，几竿修竹顿生万顷竹林之画意。同时，这种框景并不是静止不变的，随着欣赏者位置的移动，竹子景观也随之处于相对的变化之中。倘若连续地设置若干窗口，游人通过一系列窗口欣赏窗外竹景时，随着视点的移动，竹景时隐时现，忽明忽暗，画面呈现一定的连续性，具有明显的韵律节奏感。

3. 粉墙竹影

这是传统绘画艺术写意手法在竹造景中的体现。将竹配置于白粉墙前组合成景，恰似以白壁粉墙为纸、婆娑竹影为绘的墨竹图。若再适当点缀几方山石，则使画面更加古朴雅致。

4. 竹石小品

竹石小品指将竹与石通过艺术构图组合而成的景观。其在中国古典园林中常作为点缀，布置于廊隅墙角，既可独立成景，又可遮挡并缓和角隅的生硬线条。如庭院中的天井，空间封闭压抑，若配以竹石小品，则可使人在有限的空间里感受到勃勃生机。竹和石是江南名园"个园"的两大特色。个园的假山都配置了不同的竹种。春景以刚竹和石笋为主，背景是白壁粉墙，仿佛粉墙为纸，竹笋为绘的雨后春笋图，特别是春天发笋之际，竹笋和石笋相映成趣，呈现出一派春意盎然的景象；夏景由柔美纤巧的水竹与玲珑剔透的太湖石组合成景，配以紫薇、广玉兰等，渲染出夏季的清丽秀美；秋景是全园的高潮，以大明竹配置黄石，加之红枫等秋色叶树种，营造出了萧瑟的秋日景象；冬景则以宣石叠掇，配以斑竹、蜡梅，冷清之感油然而生。

第五章
小型建筑造景设计

第一节　庭院造景设计

　　庭院是一块用于栽植观赏树木、花卉、果木、蔬菜与地被植物的场地，它往往经过合理的人工布局，并结合山石、水体、建筑小品等景观，形成具有一定功能性与个性的可供人们欣赏、休息、娱乐、活动的生活空间。庭院作为人们生活场所的一部分，作为大自然的一个缩影，开始受到越来越多的关注。而家庭庭院作为家居休闲的场所，其绿化美化一直被人们广泛关注。庭院因空间有限，其植物的选择与配置水平要求较高。

一、庭院的概念、特点及类型

（一）庭院的概念

　　庭院是指建筑物（包括亭、台、楼、榭）前后左右或被建筑物包围的场地，是由建筑与墙垣围合而成的室外空间。

（二）庭院的特点

庭院主要有以下特点：

1. 庭院边界较为明确，主要由围墙、栅栏等构筑物围合而成。

2. 庭院空间具有内、外双重性，它相对于建筑而言是外部空间，是外向的、开放的；相对于外围环境来说，则是内向的、封闭的。

3. 庭院与建筑联系紧密，在功能上相辅相成，景观上互相渗透。

4. 庭院是一种特殊的场所，能够满足人们休憩、交流、观赏、陶冶情操等多方面的需求，它还是人们缓解与释放压力的场所。

（三）庭院的类型

庭院按照使用者和使用特点不同，主要可以分为私人住宅庭院、公共建筑庭院和公共游憩庭院三种类型。

1. 私人住宅庭院

私人住宅庭院与人们日常生活密切相关，它是开展许多家庭活动的场所，如散步、就餐、晾晒、园艺活动、交流、聚会、休息、晒太阳、纳凉、健身运动、游戏玩耍等，它是人们生活空间的一部分。

2. 公共建筑庭院

公共建筑庭院主要指酒店、宾馆、办公楼、商场、学校、医院等公共建筑的庭院。此类庭院往往与人们的工作、学习、娱乐等活动相关，主要满足人们观赏、休憩、交流、等候等使用功能。针对不同类型的公共建筑庭院进行设计时，需根据具体使用对象的使用特点与功能要求，创造充满人性化的公共建筑庭院景观。

3. 公共游憩庭院

公共游憩庭院是指被建筑、通透围墙围合的小面积开放性绿地，该类庭院可以独立设置，也可以附属于居住区、公园或其他绿地。公共游憩庭院使用人群较多，人流量也较大，以满足人们观赏、游览、休憩等使用功能为主，通常具有舒适宜人的游憩环境和赏心悦目的视觉效果。

二、庭院植物造景原则

（一）私密性

庭院绿化应做到能够闹中取静，保证私密性，使人获得稳定感和安全感。例如，古人在庭院围墙的内侧常常种植芭蕉，芭蕉无明显主干，树形舒展柔软，人不易攀爬上去，既可遮挡视线增加私密性，又可防止小偷爬墙而入。

（二）舒适性

庭院绿化应该为使用者营造一个舒适的休息空间，例如，空旷的庭院种植庭荫树来遮光，采用爬山虎进行墙壁绿化来降温；紧靠街道的庭院四周种植防护树，以降噪、吸尘。

（三）方便和安全

进院路径一般从院门直通住宅，其他小径可以打造曲径通幽的效果。

（四）易于养护

现代人生活节奏快，空闲时间有限，庭院种植的植物应比较容易养护。

（五）保证功能、体现个性

在供人们欣赏、休息、娱乐、活动等方面，体现庭院的个性。

三、不同风格庭院特色

庭院设计风格种类繁多，例如常见的中式、日式、欧式、美式、现代简约等，或简约时尚、或自然清新、或舒适休闲。不同的庭院设计风格各有特色，庭院是体现主人个性和品位的渠道，根据庭院大小以及业主的不同喜好，可以设计为业主所钟爱的庭院景观。

（一）中式庭院——泼墨山水

1. 设计理念

中式庭院有三个支流：北方的四合院庭院、江南的私家园林和岭南园林。其中以江南私家园林为主流，重诗画情趣、意境创造，贵于含蓄蕴藉，其审美多倾向于清新高雅的格调。园景主体为自然风光，亭台参差、廊房婉转作为陪衬。庭院景观依地势而建，注重文化积淀，讲究气质与韵味。

2. 造园手法

崇尚自然，师法自然。在有限的空间范围内利用自然条件，模拟大自然中的美景，把建筑、山水、植物有机地融合为一体，使自然美与人工美统一起来。造园时多采用障景、借景、仰视、延长和增加园路起伏等手法。

3. 色彩图案

色彩应用较中和，多为灰白色。构图上以曲线为主，讲究曲径通幽。

4. 构筑物

中式庭院讲究风水的"聚气"，庭院是由建筑、山水、花木共同组成的艺术品，建筑以木质的亭、台、廊、榭为主，月洞门、花格窗式的黛瓦粉墙起到或阻隔或引导或分割视线和游径的作用。假山、流水、花草树木等是必备元素。

5. 植物

庭院植物一般有着明确的寓意和严格的配置形式。如屋后栽竹，厅前植桂，花坛种牡丹和芍药，阶前栽梧桐，转角植芭蕉，坡地选白皮松，水池放荷花，点景用竹子，配合石笋、石桌椅、孤赏石等，形成良好的庭院植物景观。

（二）日式庭院——提炼的自然

1. 设计理念

日式庭园有几种类型，包括枯山水的禅宗花园、筑山庭以及质朴自然的茶庭。细节上的处理是日式庭院最精彩的地方。

2. 造园手法

日本传统庭院凭着对水、石、沙的绝妙布局，用质朴的素材、抽象的手法表达深邃的儒、释、道法理。

3. 色彩和图案

日式庭院整体风格是宁静、简朴，里里外外都是泛着灰色，只有植物的纯净色彩增添庭院的生机，各种润饰被降到最低限度。

4. 铺地和材料

木质材料，特别是木平台，在日式风格的庭院中经常使用。在传统日式风格的庭院中，铺地材料通常选用不规则的鹅卵石和河石。

5. 特色和润饰

一尊石佛像或石龛或岩石是这类风格必不可少的，同时，汀步和洗手的蹲踞及照明用的石灯笼是日本庭院的典型特征。在栽培容器方面，石器是比较传统的，多摆放在庭院中关键的位置。

6. 植物

应用常绿树较多，一般有日本黑松、红松、雪松、罗汉松、花柏等；落叶树中的色叶银杏、槭树，尤其是红枫以及樱花、梅花及杜鹃等。

（三）英式庭院——文明的自然

1. 设计理念

英式庭院设计把花园布置得犹如大自然的一部分，无论是曲折多变的道路，还是自然式的地形、水体和植物搭配，体现出更为浓郁的自然情趣。

2. 造园手法

采用自然式造园手法。英式庭院向往自然、崇尚自然，对植物和道路等处理也较为自由。

3. 特色和修饰

英式庭院中没有浮夸的雕饰，没有修葺整齐的苗圃花卉，更多的是如同大自然浑然天成的景观。大面积的自然生长花草是典型特征；白色的铁艺桌椅是英式花园的必需品。主要元素：藤架、座椅、日晷。

4. 植物

英国人更喜欢自然的树丛和草地，尤其讲究借景，与园外的自然环境相融合，注重花卉的形、色、味、花期和丛植方式，多选择茂盛的绿叶植物和季节性草本植物，如蔷薇、雏菊、风铃草等。

（四）意式庭院——台地式

1. 设计理念

由于意大利半岛三面濒海，多山地丘陵，因而其园林建造在斜坡上。意式庭院对水的处理极为重视，借地形修成台阶渠道，从高处汇聚水源引流而下，形成层层下跌的水瀑，利用高低不同的落差压力，形成了各种形状的喷泉，或将雕像安装在墙面，形成壁泉。

2. 造园手法

采用规则式布局造园手法，在沿山坡的一条中轴线上，设置了一层层的台地、喷泉、雕像等。

3. 特色和润饰

作为装饰点缀的小品形式多样，有雕镂精致的石栏杆、石坛罐以及碑铭等，从而形成了很有自己风格的意大利台地式园林。必备元素：雕塑、喷泉、台阶水瀑。

4. 植物

植物采用黄杨或柏树组成花纹图案树坛，突出常绿树而少用鲜花。

（五）法式庭院——水景风情

1. 设计理念

受意大利规整式台地造园艺术的影响，法式庭院也出现了台地式园林布局，剪树植坛，建有果盘式的喷泉。但法国以平原为主，且多河流湖泊，地势平坦，因此呈平地上中轴线对称均匀的规则式布局，其园林布局的规模显得更为宏伟和华丽。

2. 造园手法

采用规则式造园手法。将整个庭院的小径、林荫道和水渠分隔成许多部分；花坛的中央摆放一个陶罐或雕塑，周围种植一些常绿灌木，整形修剪成各种造型。

3. 构筑物

圆柱、雕像、凉亭、观景楼、方尖塔和装饰墙等，活动长椅也被广泛使用。

4. 特色和润饰

日晷、供小鸟戏水的盆形装饰物、瓮缸和小天使，花草容器里种植可修剪植物。粗糙的小壁龛是这类庭院的典型特色。主要元素：水池、喷泉、雕像、修剪整齐的灌木。

5. 植物

欧洲七叶树、梧桐、枫树、黄杨、松树、铁线莲和郁金香等。植物采用黄杨或柏树组成花纹图案树坛。

（六）美式庭院——自由、开放

1. 设计理念

美式庭院就像美国崇尚自由不羁的生活方式一样，充满随性的浪漫，力求舒畅、自然的田园生活情趣。简洁大气、亲近自然是美式庭院风格最显著的特征。美国人自由、开放、充满活力的个性对园林产生了深远的影响力，他们对自然的理解是自由活泼的，现状的自然景观会是其景观设计表达的部分，于是将开阔草坪、游泳池、秋千、躺椅、参天大树等加入景观中。在青草芬芳中喝下午茶、品甜点或露天烧烤等，以享受的态度面对生活。

2. 造园手法

美式庭院风格力求表现悠闲、舒畅、自然的生活情趣，所以常将天然木、石、藤、竹等质朴的材质用于大面积空间。庭院多有干净规整的大草坪，在看似自由随意的庭院中，追求舒适与实用并存。

3. 色彩和图案

抛弃了烦琐和奢华，既简洁明快，又温暖舒适。美式乡村风格的色彩以自然色调为主，绿色、土褐色最为常见，充分显现出乡间的朴实味道。

4. 植物

用植物营造出视野开阔的环境，并且大量使用大型乔木和草坪，小乔木应用不是很多，但是花卉类植物应用较多。美式庭院喜欢模拟自然界中林地边缘地带多种野生花卉错落生长的状态，以宿根花卉为主，搭配花灌木、球根花卉和一二年生花卉等，表现植物的个体美及植物组合的群体美。草坪、鲜花、雪松、水杉、梧桐、柳树以及灌木是必备元素。

（七）现代风格——简约而不简单

1. 设计理念

现代简约风格，以轻快简洁的线条和时尚的设计形式，给人一种明净、轻快、舒适的体验，往往能达到以少胜多、以简驭繁的效果。现代简约风格往往结合新材料、新技术、新工艺的运用，如玻璃、不锈钢金属构件、新型环保材料等的应用。

2. 造园手法

庭院中设置更多的休憩空间，增加庭院的舒适度。利用流畅的线条勾勒空间结构。

3. 色彩和图案

色彩的应用更加大胆而独具创意，图案更加简洁明快。

4. 特色和润饰

主要应用钢材、玻璃、复合材料等现代材料，园林小品、简单抽象元素的加入等突出庭院的新鲜时尚感。

5. 植物

精选乔木、灌木，配置花坛、花境等，具有造型风格的植物受欢迎。

四、庭院空间的营造

庭院空间是一个外边封闭而中心开敞的较为私密性的空间。植物除了可以作为绿化美化材料外，其在空间营造中也发挥着重要的作用。针对小空间的庭院，更要善于利用植物进行空间拓展。

（一）空间分隔

庭院景观设计中常利用植物材料分隔景观空间。在庭院四周或局部可利用中低层乔木进行围合或遮挡，既可以保证私密性，使人获得稳定感和安全感，又可以降噪、防尘，还可以营造相对封闭的景观空间。可选的植物种类有樟树、铁冬青、广玉兰、南洋杉、火焰木、幌伞枫和罗汉松等。在相对私密的院子里，再通过利用小乔木或灌木进行不同功能区间分区，如休息空间、娱乐空间、赏景空间的分隔。通过成丛、成片的乔木、灌木进行相互隔离，空间分隔。往往利用中层植物及灌木作为庭院景观空间分隔的基本因素，这种围合的景观空间是相对开敞的。若在这个基础上再加上更多的中高层乔木的围合，那就可以营造半开敞，甚至相对封闭的景观空间。

（二）空间穿插、流通

空间的相互穿插与流通能有效实现庭院中富于变化的空间感。在相邻空间设计成半开敞、半围合或是半掩半映的形式以及空间的连续或流通等，都会使空间富有层次感、深度感。一丛修竹、半树桃柳、夹径芳林，往往就能够造就空间之间互相掩映与穿插的境界，达到"移步异景"的景观效果。

（三）空间深度表现

运用植物的连接与流转使不大的空间具有曲折与深度感。可利用植物造就空间之间相互掩映与穿插，也可利用使用者喜好的小乔木或灌木进行分隔，如桂花、琴丝竹、罗汉松以及修剪整齐的红继木、黄金叶、福建茶、九里香和米仔兰等，达到移步异景、小中见大的景观效果。另外，植物的色彩、形体等合理搭配，也能产生空间上的深度感。

五、庭院植物选择与配置

庭院绿化利用地形将植物与建筑、山石、水体、小品有机地结合在一起。传统的中式庭院内植物配置常以自然式树丛为主，重视宅前屋后名花名木的精心配植，灵活应用如梅、兰、菊、桂花、牡丹、芭蕉、海棠等庭院花木，来烘托气氛，情景交融。当代庭院中的植物配置继承了传统特色，并加以发展，呈现出生态化、乡土化、景观化、功能化的特色。

只有精致的植物搭配，才能表现主人的情趣、品位。只有恰当的物种组合，才能使园林之景四时不同、阴阳有别。只有或苍郁、或疏淡、或柔媚、或刚劲的植物形态，才能造就千姿百态的园林美。

庭院内种植物，可以减少空气污染和噪声影响，创造空气清新、充满活力的环境。

（一）植物配置方式

依据不同特色的庭院选取不同类型的植物来搭配和衬托。植物配置方式基本有两大类：自然式和规则式。

1. 自然式庭院

中小型庭院中，可以栽植自然式树丛、草坪或盆栽花卉，使生硬的道路建筑轮廓变得柔和。尤其是低矮、平整的草坪能供人活动，更具有亲切感，使空间显得比实际更大些。自然式庭院可分为中式庭院、日式庭院和英式庭院。

在庭院的角隅或边缘、在路的两侧可以栽植多年生花卉组成的花境或花丛，如由朴素的雏菊、颜色缤纷的郁金香、花色洁白的玉簪和葱兰组成。留下的空间可放置摇椅、桌凳供人休息。花境或花丛式的布置植株低矮，可扩大空间感，有良好的活动和观赏功能。

2. 规则式庭院

如果业主有足够时间和兴趣，可定期、细致地养护园中植物，则可选择较为规则的布局方法，将耐修剪的黄杨、石楠、黄金叶、福建茶、红继木等植物修剪成整齐的树篱或球类，让环境更美观精致，尤其在欧式建筑的小庭院中，应用规则式整形树木较多。而这一风格可因地制宜用于大庭院或小局部。

（二）庭院植物的选择与配置

庭院植物种类不宜繁多，但也要避免单调，不可配置雷同，要达到多样统一。主要包括乔木、灌木、藤本植物、花卉和水生植物的配置形式。不同地方庭院植物的选择各异，华南地区因其独特高温多湿的自然环境，园林植物品种较为丰富，既可种植众多传统中广受欢迎的品种，又可兼容大量外来优良植物。庭院植物的选择难度和重点主要体现在乔木的品种与数量选择上。

1. 树木种类

庭院栽树是有讲究的，一是要熟悉植物生物习性，是否会产生有毒、有害气体或花粉；二是根据植物生态学特性来确定是否会对环境光照、温度、水肥等产生不利影响。

对于不宜种植的植物品种，应予以回避。庭院因用于悠闲放松，不能种植有毒、有刺或香味过浓的植物。

（1）有毒植物

夹竹桃全株有毒，花香容易使人昏睡，降低人体机能；马蹄莲花有毒，误食会引起昏迷等中毒症状；郁金香花有土碱，过多接触，毛发容易脱落；石蒜全株有毒，如果误食会引起呕吐、腹泻等。还有变叶木、花叶万年青、一品红、五色梅、曼陀罗、黄蝉等有毒植物，这些都不宜庭院栽种。

（2）有刺植物

枸骨、虎刺梅、铁海棠和仙人掌等植物有刺。

（3）香味过浓植物

如盆架子花香浓烈，易导致人头昏，甚至呕吐；夜来香闻起来很香，但对人体健康不利。

2. 数量与体量的选择

空旷的庭院需要种植乔木来围护与遮挡，但考虑到房子的通风、采光及植物根系对建筑及地下设施的影响，乔木的数量和树体体量都不宜过大。树木数量过多会造成拥挤，既影响通风与采光，又容易滋生病虫。但数量相对好控制一点，一般一至几株，或孤植或丛植，少数品种可列植，如竹子或棕榈等。

（1）体量的选择是难点

在乔木的选择上，宜求精而忌繁杂。首先，慎用大体量树木，树体过高、冠幅过大的树不宜栽植于小庭院。有些树成年树体过大，容易造成庭院过于拥挤，影响通风与采光，也易导致住宅内阴暗潮湿，不利于健康，如小叶榕、高山榕、琴叶榕、桃花心木、海红豆、黄槿等。其次，生长过快的树也不宜栽植，容易对院墙、地下网线设施，甚至建筑造成破坏，如桉树、榕树类、相思树、南洋楹等速生树种。可以少量种植冠幅不是很大的中大型乔木，如上述提到的樟树、铁冬青、广玉兰、南洋杉、火焰木和幌伞枫等。搭配一些观赏性强的落叶乔木，如玉兰、美丽异木棉、木棉、鸡蛋花、石榴、紫叶李、枫树或刺桐等，但品种不能过多，避免给人杂乱感。也可靠院墙种植中型或小型常绿乔木，如千层金、桂花、假槟榔、酒瓶椰、竹子、芭蕉等。乔木下可搭配种植一些灌木与草本花卉，做到多层次结合。还可以选择一些体量不大，广受欢迎的名贵树或造型树，如罗汉松、金花茶、九里香和米仔兰等。

（2）庭院树木树型选择

萎蔫树、病树不宜栽种，但有的树因曲而美、因曲而好，不可一概排斥。

3. 植物质感的应用

植物的质感是植物重要的观赏特性之一，却往往被人们忽视，它不如色彩引人注目，也不像姿态、体量为人们熟知，却能引起丰富的心理感受，在小空间的植物造景中起着重要的作用。植物的质感主要由枝干特征、叶片形状、立叶角度、叶片质地等构成。一般将其分为三类：粗质型、细质型和中质型。

粗质型植物通常具有粗大、革质、多毛多刺的叶片，如粗犷健壮的加拿利海枣、叶大而厚的琴叶榕、坚硬多刺的枸骨、直立坚硬且带刺的龙舌兰等，这类植物造成观赏者与植物间的可视距离短于实际距离的感觉，在家庭庭院中要谨慎使用，宜少而精。

细质型植物看起来柔软、纤细，如枝条柔软、婀娜多姿的凤凰木；体态轻盈的鸡爪槭；枝条柔软、叶色金黄的千层金；叶色较浅的合欢；枝干细弱、稀疏的垂柳等。细质型植物细腻的质感使观赏者感觉空间显得比实际大，从而适于在家庭庭院小空间应用。除选择细质乔木外，灌木与草本的选择上，也宜以细质型植物为主，如红绒球、红车、红叶石楠、南天竺、文竹、麦冬、蔓花生、台湾草、酢浆草等。

园林中大部分植物都归为中质型，如樟树、桂花树，月季等，庭院配置植物时，可在中质型植物的基础上灵活配置细质型植物，也可少量使用粗质型植物。

4. 层次、色彩、季相等的兼顾应用

把握好植物的体量与质感外，还要兼顾常规的搭配规律，如植物的层次、色彩、季相搭配等。庭院除了可以利用乔木进行围合外，也可以种植藤本蔷薇、炮仗花、三角梅、使君子、牵牛花等，使院墙变为"花墙"，还可配置一两株业主喜欢的果树。在合理选择乔木品种与数量后，还要搭配灌木与地被植物，增加层次感。在灌木的选择上可以选择广受大众喜爱的九里香、米仔兰、含笑、茶花、神秘果等。另外，庭院中种植一些花草，通过不同的叶色、花色植物搭配，丰富视觉感受；通过常绿与落叶树的搭配，可感受季相与时空变化。还可以妙用盆栽、花箱、花台等，通过花草的修剪、除草和浇水等养护管理，增加参与性，起到修身养性的作用。

植物配置应特别注意植物群落的组成。从垂直结构看应有高低之分，从平面结构看应有前后之别。乔木、灌木、常绿落叶、速生和慢生，合理结合，适当配

置和点缀一些花卉、草坪。

第二节　屋顶花园造景设计

随着人们对城市绿化认识的提高和城市绿化用地不足，垂直绿化与屋顶绿化显得越来越重要。城市发展需要寻求新的绿化途径，建筑技术水平的提高，提供了质量可靠的屋顶。绿化技术水平的提高，使得屋顶绿化荷载减轻、造价降低、技术简便、效益明显，从而大受欢迎。目前，屋顶绿化迅速发展。

屋顶花园是在各类建筑物、构筑物、桥梁（立交桥）等顶部、阳台、天台、露台上进行园林绿化，种植草木花卉作物所形成的景观。

屋顶绿化能增加城市绿地面积，改善日趋恶化的人类生存环境；改善因城市高楼大厦林立，道路过多硬质铺装而使自然土地和植物资源日趋减少的现状；改善因过度砍伐自然森林、各种废气污染而形成的城市热岛效应，减轻沙尘暴等对人类的危害；开拓人类绿化空间，建造田园城市，改善人民的居住条件，提高生活质量，美化城市环境。屋顶花园对改善城市生态效有着极其重要的意义，是一种值得大力推广的屋面绿化形式。

一、屋顶花园的类型

按屋顶花园的使用功能，通常可将其分为以下几类。

（一）游憩性屋顶花园

这种花园一般属于专用绿地的范畴，其服务对象主要是本单位的职工或生活在该小区的居民，满足生活和工作在高层空间内人们对室外活动场所的需求。这种花园入口的设置要充分考虑出入的方便性，满足使用者的需求。

（二）盈利性屋顶花园

这类花园多建在宾馆、酒店、大型商场等的内部，其建造的目的是吸引更多的顾客。这类花园面积一般超过 $1000m^2$，空间比较大，在园内可为顾客安排一些服务性的设施，如茶座等，也可布置一些园林小品，植物景观要精美，必要时可考虑一些景观照明。

（三）家庭式屋顶花园

随着现代化社会经济的发展，人们的居住条件越来越好，多层式阶梯式住宅公寓的出现，使这类屋顶小花园走入了家庭。这类小花园面积较小，主要侧重植物配置，但可以充分利用立体空间做垂直绿化，种植一些名贵花草，布设一些精美的小品，如小水景、小藤架、小凉亭等，还可以进行一些趣味性种植，领略城市早已消失的农家情怀。

（四）科研性屋顶花园

这类花园主要是指一些科研性机构为进行植物研究所建造的屋顶试验地。虽然其目的并非是从绿化的角度考虑，但也是屋顶绿化的一种形式，同时具有科学研究的性质，一般以规则式种植为主。

二、屋顶绿化的意义

伴随着我国城市建设的发展，大中型城市有进一步高密度化和高层化的发展趋势，城市绿地越来越少。高层建筑的大量涌现，使得人们的工作与生活环境越来越拥挤。在这种情况下，为了尽可能增加工作与生活区域的绿化面积，满足城市居民对绿地的向往及对户外生活的渴望，提高工作效率，改善生活环境，在多层或高层建筑中利用屋顶、阳台或其他空间进行绿化，是一件非常有意义的事情。屋顶绿化的意义包括如下六个方面。

（一）改善生态环境

生态屋顶有助于降低气温和增加四周的空气湿度，使周边环境舒适宜人。植物蒸腾、遮阴与反射，形成屋顶隔热层，使顶层建筑的室内环境冬暖夏凉。

（二）美化城市景观

绿化屋顶，建设宜居城市。

（三）洁净空气

屋顶植物有助于过滤空气中的颗粒物，吸收硫酸盐、硝酸盐及其他有害物质。

（四）降低噪声

屋顶植物可以反射、吸收噪声，改善隔音效果。

（五）动植物的栖息地

生态屋顶使得动植物有机会在人口稠密的市区存在。

（六）拓展人居空间

增加休憩或活动空间，亲近自然。

三、屋顶花园的环境特点

1. 光照强，日照充足。
2. 温度高。阳光直射强烈，夏季温度较高。
3. 温差大。白天温度高，晚上温度低，昼夜温差大。
4. 风大。屋顶处于高处，风量大。
5. 水分少。无地气连接，水分少。
6. 蒸发量大。因阳光暴晒，风大，土壤水分蒸发量大，需要及时补水。
7. 无土或土层薄，少土。
8. 承载力有限。

四、屋顶花园种植设计的原则

（一）选择耐旱、抗寒性强的矮灌木和草本植物

屋顶花园夏季气温高，风大，土层保湿性能差，冬季则保温性差，因而应选择耐干旱、抗寒性强的植物为主，同时要考虑屋顶的特殊地理环境和承重的要求，应注意多选择矮小的灌木和草本植物，以利于植物的运输、栽种和养护。

（二）选择阳性、耐瘠薄的浅根系植物

屋顶花园大部分地方为全日照直射，光照强度大，植物应尽量选用阳性植物，但在某些特定的小环境中，如花架下面或靠墙边的地方，日照时间较短，可适当选用一些半阳性的植物种类，以丰富屋顶花园的植物品种。屋顶的种植层较薄，为了防止根系对屋顶建筑结构的侵蚀，应尽量选择浅根系的植物。因施用肥料会影响周围环境的卫生状况，故屋顶花园应尽量种植耐瘠薄的植物种类。

（三）选择抗风、不易倒伏、耐积水的植物种类

在屋顶上，风力一般较地面大，特别是雨季或台风来临时，风雨交加对植物

的生存危害最大，加上屋顶种植层薄，土壤的蓄水性能差，一旦下暴雨，易造成短时积水，故应尽可能选择一些抗风、不易倒伏，同时又能耐短时积水的植物。

（四）选择以常绿为主，冬季能露地越冬的植物

营建屋顶花园的目的是增加城市的绿化面积，美化"第五立面"，因此，屋顶花园的植物应尽可能以常绿为主，宜用叶形和株形秀丽的品种。为了使屋顶花园更加绚丽多彩，体现花园的季相变化，还可适当栽植一些彩叶树种。另在条件许可的情况下，可布置一些盆栽的时令花卉，使花园四季有花。

（五）尽量选用乡土植物，适当引种绿化新品种

乡土植物对当地的气候有较高的适应性，在环境相对恶劣的屋顶花园，选用乡土植物有事半功倍之效。同时考虑到屋顶花园的面积一般较小，为将其布置得较为精致，可选用一些观赏价值较高的新品种，以提高屋顶花园的档次。

五、屋顶绿化的荷载

屋顶绿化的设计总荷载量要控制在建筑物的安全荷载量内。屋顶绿化荷载包括静荷载和活荷载，建筑物屋顶承受的绿化荷载不得大于设计要求，当超过 $200kN/m^2$ 时，应请具有相应资质的检测单位对屋顶承重结构的强度、刚度和稳定性进行安全验算。

（一）静荷载

静荷载一般包括种植土层、过滤层、排水层、蓄水层、保温隔热层及山石建筑小品、水体、风雨雪给建筑物增加的荷载量等。一般在钢筋混凝土结构的屋顶铺上 25~35cm 厚的土层，与普通植物重量叠加产生的荷载应不大于 $200kN/m^2$。若建筑物屋顶承受压力超过限定值，则可选用地毯形式的屋顶绿化模式。花园式屋顶绿化（群落式）对屋顶的荷载要求较高，一般为 $400kN/m^2$ 以上，土层厚度为 30~50cm。

（二）活荷载

施工作业人员、材料和机械的活动给建筑物增加的荷载量、长成的植物重量的增加等。

六、屋顶花园植物造景原则

（一）实用原则

屋顶园林除满足不同的使用要求外，应以绿色植物为主，创造出多种环境气氛，以精品园林、小景新颖多变的布局，达到生态效益、环境效益和经济效益相结合的目标。衡量一座屋顶花园的质量，除了满足不同使用要求外，绿化覆盖率指标必须保证在 50%～70% 之间。

（二）安全原则

要综合考虑结构承重安全、屋顶防水结构安全和屋顶四周防护安全等，同时还要考虑植物的防水、抗风等问题。

（三）精美原则

屋顶花园既要与主体建筑物及周围大环境协调一致，又要有独特新颖的园林风格。在施工管理和选用材料上应处处精心。

七、屋顶花园植物的选择与配置

为突出生态效益和景观效益，根据不同植物对基质厚度的要求，通过适当的微地形处理或种植池栽植进行绿化。种植耐旱、耐移栽、生命力强、抗风力强、外形较低矮的植物。

（一）植物材料的选择

宜选用植株矮、根系浅的植物，因为高大的乔木树冠大，而屋顶上的风力大、土层太薄，容易被风吹倒；若加厚土层，会增加重量。而且乔木发达的根系往往还会深扎防水层而造成渗漏。因此，屋顶花园一般应选用低矮、根系较浅、耐旱、耐寒、耐瘠薄的植物。植物选择总体原则如下。

大乔木少用、慎用，小乔木作为孤赏树可适当点缀。一般用草坪、地被、灌木、藤本植物较多。

耐干旱和耐寒冷。

阳性、耐贫瘠、浅根性。

抗风、抗倒伏力强。

易成活、耐修剪、生长速度较慢。

尽量选用乡土植物，适当采用外来品种。

不同类别植物选择的原则如下。

园景树。小乔木，可选择观花、观果或观形树，如桂花、红叶李、紫薇、鸡蛋花、石榴、罗汉松、佛肚竹等。

灌木。可选择观形、观花或观果灌木，如月季、山茶、含笑、米兰、九里香、大红花、黄杨、杜鹃类、琴叶珊瑚、栀子、硬枝黄蝉等。

地被植物。草本植物如美人蕉、矮牵牛、凤仙花、丛生福禄考、红花酢浆草、麦冬、吊兰、景天科类（佛甲草等）、台湾草、马尼拉、狗牙根等。蕨类植物如凤尾蕨、肾蕨、巢蕨等。

藤木。可选用紫藤、凌霄、络石、爬山虎、金银花、使君子、炮仗花、蒜香藤、软枝黄蝉、大花老鸦嘴、百香果、葡萄等。

绿篱。可选用红绒球、灰莉、海桐、福建茶、假连翘、九里香、矮霸杜鹃、红果仔、小叶女贞、花叶鹅掌柴、变叶木、细叶棕竹、金脉爵床等。

果树和蔬菜。可选用矮化苹果、金橘、草莓、青瓜、青椒等。

抗污染树种。可选用木槿、女贞等。

（二）植物配置形式

屋顶花园常用植物造景设计形式有以下四种。

乔木、灌木的孤植、丛植。

花坛、花台设计。

花境和草坪。

配景。多选用植株低矮、株形紧凑、开花繁茂、色系丰富、花期较长的种类。

第三节　小游园造景设计

城市园林绿地一般有公共绿地、居住区绿地、道路交通绿地、单位附属绿地、生产防护绿地和风景林地等类型。小游园也叫游憩小绿地，是供人们休息、交流、锻炼、夏日纳凉及进行一些小型文化娱乐活动的场所，是城市公共绿地的重要组成部分。

小游园主要分布在居住区里面和街头绿地之中，设计以植物景观为主，适当布置游憩设施、园林小品等硬质景观。

一、小游园的位置、功能与特点

（一）小游园的位置

小游园常布置在以下几种绿地中：居住小区绿地、街道绿地以及工厂、学校、机关等专用绿地。

（二）小游园的功能

小游园面积相对较小，功能也较简单，为居民就近使用，提供茶余饭后活动休息的场所。它的主要服务对象是老人和儿童，内部可设置较为简单的游憩、文体设施，如儿童游戏设施、健身场地、休息场地、小型多功能运动场地、树木花草、铺装地面、凉亭、花架、桌、凳等，满足附近居民游戏、休息、运动、健身等需求。

1. 丰富生活

小游园是居民户外活动的载体，能进行运动、游戏和休息等活动。

2. 美化环境

小游园对建筑、设施等能够起到衬托、显露或遮隐的作用，美化居住环境。

3. 改善小气候

绿化使相对湿度增加，降低夏季气温，也能降低大风的风速。

4. 保护环境卫生

绿化能够净化空气，吸附尘埃和有害气体，降低噪声。

（三）小游园的特点

小游园面积较小，内容较为简单，但使用率高，一般要求有适合的地形、园林装饰小品、休息设施、铺装场地、活动设施、草地及植物景观等。

二、小游园的功能分区

小游园的面积和规模虽不如中心公园大，设计同样应该从功能和景观分区进行规划，设计要按照先整体后局部、先全面后深化的顺序，可采取分割、渗透的手法来组织空间。

①绿化空间的分割要满足居民在绿地中活动时的感受和需求。当人处于静止状态时，空间中的封闭部分给人以隐蔽、宁静、安全的感受，便于休憩。开敞部分能增强人们交往的空间。当人在流动时，分割的空间可起到遮挡视线的作用。通过空间分割可创造出人们所需的空间尺度，丰富视觉景观，形成远、中、近多层次的纵深空间，获得园中园、景中景的效果。

②空间的渗透、联系同空间的分割是相辅相成的。单纯分割而没有渗透、联系的空间令人感到局促和压抑，通过向相邻空间的扩展、延伸，可产生层次变化。

三、城市小游园设计的原则

（一）特点鲜明突出，布局简洁明快

小游园的平面布局不宜复杂，应当使用简洁的几何图形。从美学理论上看，明确的几何图形要素之间具有严格的制约关系，最能使人产生美感。同时对于整体效果、远距离及运动过程中观赏效果的形成也十分有利，具有较强的时代感。

（二）因地制宜，力求变化

如果小游园规划地块面积较小，地形变化不大，周围是规则式建筑，则游园内部道路系统以规则式为佳；若地块面积稍大，又有地形起伏，则以自然式布置为准。

（三）植物配置与环境结合，体现地方风格

严格选择主调树种，考虑主调树种时，除注意其色彩美和形态美外，更多地要注意其风韵美，使其姿态与周围的环境气氛相协调。注意时相、季相、景相的统一，在较小的绿地空间取得较大活动面积，而又不减少绿景。植物种植可以以乔木为主，灌木为辅，乔木以点植为主，在边缘适当辅以树丛，适量增加宿根花卉种类。此外，也可增加垂直绿化的应用。

（四）组织交通，吸引游人

在道路设计时，采用角穿的方式使穿行者从绿地的一侧通过，保证游人活动的完整性。

四、城市小游园在城市中的作用

（一）装点街景、美化市容

小游园多分布在城市的主、次干道两侧，以植物造景为主，结合园林建筑、园林小品、园林设施的营建，展现一幅优美的画面，并与城市建筑协调呼应，装点城市景观。由于小游园的形式多样、各具特色，因此，对提高街道绿地的文化艺术品位也起着重要作用。

（二）发挥园林的生态效益，改善城市环境

小游园建设要求绿地面积在80%以上，植物配置以乔、灌、草、花相结合为主，植物种类较多、覆盖率高，具有降温、吸尘减噪、净化空气等功能，使人们能在城市的喧闹中寻得一块"净土"。

五、城市小游园规划设计布局形式

（一）规则式小游园

根据有无明显的对称轴，又可将规则式的小游园分为规则对称式小游园和规则不对称式小游园两种。规则对称式小游园有明显的主轴线，绿化、建筑小品、园路等园林要素呈对称式或均衡式布置在轴线两侧，视野开阔，给人以华丽、简洁、整齐、明快的感觉，符合现代人的审美观。规则不对称式小游园的绿化、园林设施、园林小品等园林要素，都依照一定的几何图案进行布置，但整个绿地有明显的主轴线。

（二）自然式小游园

自然式小游园又称不规则式小游园，其特点是：无明显的主轴线；场地富于变化，广场、水池的外轮廓线和道路曲线自由灵活，无轨迹可循；建筑物的造型和布局不强调对称，善于与地形结合，并以自然界植物群落为蓝本，构成生动活泼的园林植物景观。自然式小游园布局灵活，给人以自由活泼之感，赋予人们自然气息。

六、城市小游园的规划设计方法

（一）因地制宜、力求变化

在小游园的规划设计中，要因地制宜地进行设计，注意与周围环境协调统一，利用规则用地的地形、地貌，进行规划布局，创造出使人从嘈杂的城市环境中脱离出来，进入自然的氛围，同时园景也宜充满生活气息，吸引游人停留。

（二）布局合理、简洁明快、鲜明突出

小游园的平面布局不宜复杂，应当使用简洁、明快的几何图形。在功能分区上要满足不同年龄、不同职业和不同爱好人群活动的要求，进行合理分区。在空间处理上考虑公共性和私密性特点，注意动态、静态景观，群游与独处兼顾，使人们在小游园中都能找到自己所需要的空间类型。

（三）小中见大，注重园林植物景观与周围环境协调统一

绿地空间层次要丰富，可利用地形、道路、园林小品、园林设施进行分隔，利用隔景、障景手法增加景深，形成"曲径通幽"的感觉。利用园林植物、水体等软质景观与周围的建筑物、园林雕塑廊架等园林设施相结合，形成和谐的绿色空间。

七、小游园植物的选择与配置

为在较小的绿地空间取得较多功能与活动场地，而又不减少绿植量，植物种植要以乔、灌、藤、草及地被植物结合的方式进行，适当增加宿根花卉种类布置。植物配置与环境结合，合理规划布局，不留裸露土地，为人们休息、游玩创造良好的条件。

在小游园设置一定的服务和活动设施，选择有林荫的地方布置活动场所，安排一些简单的体育健身设施，如单杠、压腿杠等，满足健身和活动功能。

（一）配置形式

小游园绿地多采用自然式布置形式。自然式布置可以创造自由、活泼而别致的自然环境，使植物在层次上有变化，有景深，有阴面和阳面，有抑扬顿挫之

感。通过曲折流畅的弧线形道路，结合地形起伏变化，在有限的用地中取得理想的景观效果。

（二） 植物选择要点

严格选择基调树种。考虑基调树种时，除注意其色彩和形态美外，其姿态应与周围的环境气氛相协调。

应考虑生态群落、景观的稳定性和长远性。考虑景观的稳定性及生态群落的需要，需将常绿与落叶、乔木与灌木、速生与慢生、重点与一般结合。

重点选择乡土树种，结合优秀外来树种。

选择落果少、无飞絮、无刺、无毒、无刺激性的植物。

选择观赏期长的宿根地被花卉，适当配置芳香植物。

（三） 小游园植物配置要点

种植形式要多种多样。可多采用孤植、对植、丛植、群植等多种类型，丰富景观类型。

利用植物形成不同类型空间。因地制宜，充分利用自然地形，尽量保留原有绿化。结合地形起伏变化，利用植物进行或遮或挡，形成曲折多变的空间，达到曲径通幽的景观效果。

利用三维绿量丰富空间层次。小游园面积小，可适当增加植物数量和层次，营造优良生态环境，利用乔、灌、草结合，形成三维绿量，在乔木下配置耐荫树种，对园路边进行植物组团设计，将开花灌木与地被结合等。

增加垂直绿化。可适当增加垂直绿化的应用，选择攀缘植物，绿化建筑墙面、围栏等，提升小游园立体绿化效果。

适当设置花坛、花境、花架等形式，增强装饰。在小游园因地制宜设置花坛、花境、花台、花架、花钵等植物应用形式，增强装饰效果和实用功能。

充分考虑植物的形态、色彩、季相、意境等，形成四季景观。采用常绿树与落叶树结合，乔、灌、花、篱、草相映成景，形成春有花、夏有荫、秋有果、冬有绿的四季景观，丰富、美化居住环境。

选用不同香型的植物，给人独特的嗅觉感受。可以选择的植物如桂花、广玉兰、栀子花、含笑、米仔兰、九里香及其他香型草花植物。

第六章
大中型建筑造景设计

第一节　城市道路与园林植物造景设计

城市道路绿化是城市的"骨架"，它像绿色飘带以"线"的形式联系着城市中分散的"点"和"面"的绿地，从而组成城市园林绿地系统。城市道路绿化是城市对外的窗口，是体现城市绿化风貌与景观特色的重要载体，反映着一个城市的生产力发展水平、市民的审美意识、生活习俗、精神面貌、文化修养等，其优劣直接影响到一个城市的景观品质。

城市道路景观具有组织交通、美化街景、调节温度和湿度、降低风速、减少噪声等功能。随着城市的发展和人们对城市环境质量要求的日益提高，城市道路绿化应运用先进的景观设计方法，遵循生态学原理，充分挖掘地域文化特色，为人们创造良好的生活和工作环境。

一、城市道路基本知识

（一）城市道路分类

按照城市的骨架，大城市将道路分为四级，即快速路、主干路、次干路、支路；中等城市分为三级，即主干路、次干路、支路。

1. 快速路

快速路应为城市中大量、长距离、快速交通服务，在城市交通中起"通"的作用，城市人口 200 万人以上的大城市，城市各区间联系距离超过 30km，行车速度为 70km/h，在机动车道中设置中央隔离带，行车全程或部分采用立体交叉，最少四车道。

2. 主干路

主干路应为连接城市各主要分区的干路，是大中城市道路系统的骨架，联系城市中主要公共活动中心，行车速度为 40~60km/h，行车全程基本为平面交叉，最少四车道。

3. 次干路

次干路是区域性干路，是主干路的辅助交通线，用以沟通主干路和支路，行车速度较低，为 25~40km/h，行车全程为平面交叉，最少二车道。

4. 支路

支路是小区街坊胡同内道路，是次干路与街坊路的连接线，行车速度为 15~25km/h，全程为平面交叉，可不划分车道。

此外，有些城市还设置有专用道路，如公共汽车专用道路、自行车道路、商业集中地区的步行街等。

（二）道路绿化断面布置形式

城市道路绿化断面布置形式是规划设计所用的主要模式，取决于道路横断面的构成。我国目前采用的道路断面形式常见有一板两带式、两板三带式、三板四带式、四板五带式和其他形式。

1. 一板两带式

一板两带式即一条车行道，两条绿化带。这是道路绿化中最常用的一种绿化形式。中间是车行道，车行道两侧为绿化带，两侧的绿化带中以种植高大的行道树为主。这种形式的优点是：简单整齐、用地经济、管理方便。但当车行道过宽时，行道树的遮阴效果较差，景观相对单调。对车行道没有进行分隔，上下行车辆、机动车辆和非机动车辆混合行驶时，不利于组织交通，所以通常被用于车辆较少的街道或中小城市。

2. 两板三带式

两板三带式即分成单向行驶的两条车行道和两条绿化带，中间用一条分车绿带将上行车道和下行车道进行分隔，构成两板三带式绿带，这种形式对城市面貌有较好的景观效果。

但这种布置依旧不能解决机动车与非机动车争道的矛盾，这种形式适于宽阔道路，绿带数量较大，生态效益显著，也多用于高速公路和入城道路。

3. 三板四带式

两条绿化分隔带将道路分为三块，中间作为机动车行驶的快车道，两侧为非机动车的慢车道，加上人行道上的绿化，呈现出三板四带式的形式。

这种形式是城市道路绿地较理想的布置形式。其绿化量大，夏季庇荫效果较好，组织交通方便，安全可靠，解决了机动车与非机动车混合行驶的复杂问题，较适用于非机动车流量较大的路段。

4. 四板五带式

在三板四带式的基础上，再用一条绿化带将快车道分为上下行，就成为四板五带式布置。这种形式避免了相向行驶车辆间的相互干扰，有利于提高车速、保障安全。但道路占用的面积会随之增加，因此在用地较为紧张的城市不宜采用。

5. 其他形式

根据道路所处的地理位置、环境条件等特点，因地制宜设置绿带，如对山坡、水道等进行绿化设计。但实际上也是上述几种基本形式的变体或扩大的结果。

（三）城市道路绿地植物景观的功能

道路绿化体现了城市绿化风貌，也是城市景观特色的重要载体，主要源于城市居民对道路的环境需求。其功能归纳为以下两点。

1. 提高交通效率，保证交通安全

现代城市的道路大多采用人车分流和快慢车分道的方法来提高通行能力、保障交通安全，而绿化隔离带的应用则是其中最有效的措施之一。在城市道路中设置绿带，可以减少相向行驶车辆间的干扰，同时对于夜间行车的人们来讲，避免因对面车灯的炫目而造成危险；在机动车与非机动车道间安排绿带，能够改善快慢车混杂的情况；在车行道与人行道之间使用绿带，可以防止行人随意横穿马路。

2. 改善城市环境

道路绿化，不仅提高了交通效率，保证了交通安全，在生态环境、美化市容市貌、凸显城市特点方面也有很大作用。

（1）抗有害气体、减少汽车尾气污染，净化空气

在城市中生活，汽车尾气是困扰城市居民的一大难题。绿色植物被称为"生

物过滤器"，在一定浓度范围内，植物对汽车尾气有吸收和净化作用。如悬铃木和臭椿，它们的树冠高大，枝叶繁茂，能抗烟尘污染；紫薇不仅树姿优美，而且对二氧化硫、氟化氢等有毒气体及灰尘有较强的吸附能力；泡桐、夹竹桃有抗烟雾、抗灰尘、抗毒物和净化空气、保护环境的能力，被人们称为"环保卫士"。

（2）降低城市噪声

当噪声超过 70dB 时，就会使人们产生许多不良症状而有损身体健康。树下或森林里腐烂了的叶层能起到消声作用，同时，粗大的树干和茂密的树枝可以消散声音，使部分声音沿着树枝、树干传导到地下被吸收掉。通常高大、枝叶密集的树种隔音效果较好，如雪松、桧柏、龙柏、悬铃木、梧桐、云杉、山核桃、臭椿、樟树、榕树、桂花树、女贞等。

（3）调节城市温度、湿度，改善小气候。

夏季，行道树树冠能阻挡阳光，减少辐射热，树冠大、枝叶茂密的树种，遮阳效果明显。夏日有行道树的路面温度比无行道树的路面温度低 4℃。树冠的蒸腾作用需要吸收大量的热，使周围的空气冷却，同时提高周围的相对湿度。

（4）美化城市道路景观，彰显城市文化特色

城市文化的特征之一就是地域性，而乡土植物就是反映地域文化特征的要素之一，城市道路绿化采用反映城市所在地域的自然植被和地带性物种，能够形成特有的地域风格。如新疆吐鲁番用葡萄棚架装点道路；江南城市以香樟、银杏栽种于道路的两旁；天津用绒毛白蜡作为主干道的行道树；广东用榕树做行道树；椰子树被海南大量应用等。这些城市的道路绿化选择了乡土植物，不仅美化了城市的道路景观，也充分展现出当地的地域风格，彰显了城市的特色。

（5）抗灾、避险功能

道路绿地植物景观具备特有的防护功能，尤其是以种植乔木、灌木为主的绿地能有效地起到防风、防火的作用，大面积的道路植物景观能在抗洪防震中起到阻挡洪水和疏散人群的作用，是城市防灾抗灾设施的辅助用地。

二、城市道路植物种植设计与营造

城市道路的植物造景指对街道两侧、中心环岛、立交桥四周、人行道、分车带、街头绿地等的植物种植设计，不仅创造出优美的街道景观，同时还为城市居民提供日常休息的场地，在夏季为街道提供遮阴。

（一） 城市道路绿地植物造景的原则

植物景观配置中，应遵循统一、调和、均衡、韵律四大基本原则。在城市道路植物造景中则需统筹考虑道路的功能、性质、人性化和车型要求、景观空间构成、立地条件，以及与其他市政公用设施的关系。

1. 保障行车、行人安全的原则

道路植物造景，首先要保障行车及行人的安全，因此需考虑以下三个方面的问题：行车视线要求、行车净空要求、行车防眩要求。

（1）行车视线要求

在道路交叉口视距三角形范围内和弯道内侧的规定范围内种植的树木要不影响驾驶员的视线通透，保持行车视距。在弯道外侧的树木应沿边缘整齐、连续栽植，预告道路线形变化，引导驾驶员行车视线。

（2）行车净空要求

各种道路设计应根据车辆行驶宽度和高度的要求，规定车辆运行的空间，各种植物的枝冠、根系都不能入侵该空间内，以保证满足行车净空的要求。

（3）行车防眩要求

在中央分车带及道路边侧种植的植物，要能够阻止相向行驶车辆的灯光、周围建筑玻璃幕墙上的反光等照射到驾驶员的眼睛，以免引起目眩。

2. 遵循生态与美化原则

道路绿化植物造景要遵循生态化原则，要尽量保留原有湿地、植被等自然生态景观，运用灵活的植物造景手段，在保证有良好的绿地生态功能，保护已有植被枝繁叶茂、生命力持久的同时，体现较强的景观艺术性，使道路及其周围植物景观不仅具备引导行驶的功能，还兼具景观生态学倡导的对自然的调节功能。

3. 因地制宜与适地适树相结合原则

城市道路的用地范围空间有限，在此范围内除安排机动车道、非机动车道和人行道等必不可少的交通用地外，还需安排许多市政公用设施，道路绿化也需要安排在这个空间里。绿化树木需要一定的地上、地下的环境条件，如得不到满足，树木就不能正常生长发育，甚至会直接影响其形态和树龄，影响道路绿化的效果。因此，应统一规划，合理安排道路绿化与交通、市政等设施的空间位置，充分结合公路沿线原有的地形地貌、周边自然环境资源，选择适宜当地环境的园林植物，进行合理的绿化景观布局。

"适地适树"主要是指绿化要根据本地区气候、栽植地的小气候和地下环境条件选择适于该地生长的树木，以利于树木的正常生长发育，抗御自然灾害，保持较稳定的绿化成果。

4. 近期与远期相结合的原则

道路植物景观从建设开始到形成较好的景观效果往往需要十几年时间，因此要有长远的观点将近期、远期规划相结合。近期内可以使用生长较快的树种，或者适当密植，以后适时更换、移栽，充分发挥道路绿化的功能。

（二）城市道路植物种植设计与植物选择

道路绿化包括行道树绿化、分车带绿化、林荫带绿化和交通岛绿化四个组成部分，为充分体现城市的美观大方，不同的道路或同一条道路的不同地段要各有特色，绿化规划在与周围环境协调的同时，四个组成部分的布局和植物品种的选择应密切配合，做到景色的相对统一。

1. 行道树绿带设计与植物选择

（1）行道树绿带设计

①行道树绿带种植分类

a. 树池式。树池的形状有方形和圆形两种。树池盖板由预制混凝土、铸铁、玻璃钢、陶粒等各种材质制成，目前也有在树池中栽种阴性地被植物等。

b. 树带式。在人行道和车行道之间，种植一行大乔木和树篱，若种植带宽度适宜，则可分别植两行或多行乔木和树篱，形成多层次的林带。

②行道树的株行距与定干高度

行道树株行距一般根据植物的规格、生长速度、交通和市容的需要而定。一般高大乔木可采用6~8m，总的原则是以成年后树冠能形成较好的郁闭效果为准。设计初种植树木规格较小而又需在较短时间内形成遮阳效果时，可缩小株距，一般为2.5~3m，等树冠长大后再行间伐，最后定植株距为5~6m。小乔木或窄冠型乔木行道树一般采用4m的株距。

行道树的定干高度主要考虑交通的需要，结合功能要求、道路性质、树木分级等确定。定干高度一般不低于3.5m。

③行道树配置的基本方式

a. 单一乔木的种植形式，这是较为传统的种植形式。

b. 同树木间植，园林中通常将速生树种与慢生树种间植。

c. 乔、灌木搭配，分为落叶乔木与落叶灌木、落叶乔木与常绿灌木、常绿乔木与常绿灌木搭配三种。

d. 灌木与花卉的搭配。

e. 林带式种植。

（2）行道树选择的原则

行道树绿带设置在人行道和车行道之间，以种植行道树为主。主要功能是为行人和车辆遮阴，减少机动车尾气对行人的危害。行道树选择应遵循以下原则。

①应选择适应当地气候、土壤环境的树种，以乡土树种为主。

乡土树种是经过漫长的时间，适应当地气候、土壤条件，自然选择的结果。

a. 华北地区可选用国槐、臭椿、栾树、旱柳、垂柳、银杏、悬铃木、合欢、刺槐、毛白杨、榆树、泡桐、油松等。

b. 华中地区可选用香樟、悬铃木、黄山栾、玉兰、广玉兰、枫香、枫杨、鹅掌楸、梧桐、枇杷、榉树、水杉等。

c. 华南地区可选用椰子、榕属、木棉、台湾相思、凤凰木、大王椰子、桉属、银桦、木菠萝等。

②优先选择市树、市花，彰显城市的地域特色。

市花、市树是一个城市文化特色、地域特色的体现，如北京老城区的古槐树、南京的法桐、天津的绒毛白蜡、成都的银杏和芙蓉等，无不体现城市的地域特色。

③选择花果无毒无臭味、无刺、无飞絮、落果少的树种。

银杏作为行道树应选择雄株，以免果实污染行人衣物；垂柳、旱柳、毛白杨也应选择雄株，避免大量飞絮产生。

④选择树干通直、寿命长、树冠大、荫浓且叶色富于季相变化的树种。

2. 分车带设计与植物选择

分车带是车行道之间的隔离带，起着疏导交通和安全隔离的作用，保证不同速度的车辆能安全行驶。

目前，我国分车带按照绿带宽度分为 1.0m 以下、1.0~3.0m 和 3.0 m 以上三种。隔离带的宽度是决定绿化形式的主要因素。

分车带植物景观是道路绿带景观的重要组成部分，种植设计应从保证交通安全和美观角度出发，综合分析路形、交通情况、立地条件，创造出富有特色的道路景观。

分车带植物配置形式如下。

①绿带宽度 1.0m 以下：以种植地被植物、绿篱或小灌木为主，不宜种植大乔木。

②绿带宽度 1.0～3.0m：可根据具体的路况条件，选择小乔木、灌木、花卉、地被植物组成的复合式小景观，乔木不宜过大，以免影响行车视线。这种形式绿化效果较为明显，绿量大，色彩丰富，高度也有变化，缺点是修剪管理工作量大，管理不到位，会影响司机视线。

③绿带宽度 3.0m 以上：可采用落叶乔木、灌木、常绿树、绿篱、花卉、地被植物和草坪相互搭配的种植形式，注重色彩的应用，形成良好的景观效果。这是一种应大力提倡的绿化带种植形式，绿量最大，环境效益明显。特别适合宽阔的城市道路，在城市新区、开发区新修的道路多见采用。

3. 路侧绿地设计

路侧绿地主要包括步行道绿带及建筑基础绿带。由于绿带的宽度不一，因此植物配置各异。步行道绿带在植物造景上，应以营造丰富的景观为宜，使行人在步行道中感受道路的绿化舒适。在植物选择上，应选择乔木、灌木、花卉地被植物相结合的方式来做景观规划设计。

路侧绿带与建筑关系密切，当建筑立面景观不雅观时，可用植物遮挡，路侧绿带可采用乔木、灌木、花卉、地被、草坪形成立体的花境，在设计时要保持绿带的连续、完整和统一。

当路侧绿带濒临江、河、湖、海等水体时，应结合水面与岸线地形设计成滨水绿带，在道路和水面之间留出透景线。

4. 交叉口绿化设计与植物选择

（1）中心盘

中心岛绿化是交通绿化的一种特殊形式，主要起疏导与指挥交通的作用，是为回车、控制车流行驶路线、约束车道、限制车速而设置在道路交叉口的岛屿状构造物。

中心岛是不许游人进入的观赏绿地，设计时要考虑到方便驾驶车辆的司机准确、快速识别入口，又要避免影响视线，因此不宜选择高大的乔木，也不宜选用过于华丽、鲜艳的花卉，以免分散驾驶员的注意力。通常绿篱、草地、低矮灌木是较合适的选择，有时结合雕塑构筑物等布置。

（2）立体交叉绿地

立体交叉是为了使两条道路上的车流可互不干扰，保持行车快速、安全的措施。目前，我国立体交叉形式有城市主干道与主干道的交叉、快速路与快速路的交叉、高速公路与城市道路的交叉等。

随着城市的发展，城市立交桥的增多，对立体交叉绿化应尤为重视。立体交叉植物景观设计应服从立体交叉的交通功能，使行车视线畅通，保证行车安全。设计要与周围的环境相协调，可采用宿根花卉、地被植物、低矮的彩色灌木、草坪形成大色块景观效果，并与立交桥的宏伟大气相协调，桥下宜选择耐荫的植物，墙面可采用垂直绿化。

第二节　城市广场与园林植物造景设计

一、城市广场的定义及功能

（一）城市广场的定义

城市广场是一种物质要素和非物质要素的复合物，是地中海文化的产物，也是欧洲城市起源和发展乃至整个欧洲城市文明发展的一个引人瞩目的特殊现象。

广场可以定义为由建筑物、道路和绿地等围合或限定形成的开敞的永久性公共活动空间，是城市空间环境中最具公共性、最富艺术魅力、最能反映城市文化特征的开放空间，是人们日常生活、进行社会活动不可缺少的场所。

城市广场是城市居民社会生活的中心，广场可进行集会、交通集散、居民游览休憩、商业服务和文化宣传活动等。

（二）城市广场的功能

1. 城市广场是城市的起居室

城市广场作为城市开放空间的重要组成部分，为人们的户外活动提供场地。由于城市广场空间的公共性、开放性和中心性，很多人把它比喻为城市起居室。广场之所以具有强大的生命力正是因为它们赋予城市生活以生命力。

2. 城市广场是城市构图的需要

按照格式塔心理学中"图—底"关系的观点，城市广场在整个城市平面图中，与城市其他部分构成鲜明的对比，是城市中"虚"的部分。从平面构图的角度看，它无疑是城市平面构图的重要组成部分。

在古典主义的城市设计中，城市广场成为城市构图的中心。一般是以城市中心的标志性建筑物为中心，建造一个圆形或椭圆形的广场，与城市道路相结合，形成向四周发散的格局，也象征着权力的集中。这种布局在视觉空间上形成了美妙的对景效果，空间视觉的构图极具向心性和秩序感。

在中世纪的城市中，城市布局比较自由，建筑布局高度密集，广场是城市中局部拓展的空间区域，都位于城市的中心，周围建筑物均有良好的视觉、空间和尺度的连续性，从而创造出一种如画的城市景观，前行时则达到视觉抑制与开放的强烈对比，成为中世纪城市布局的典型构图方式。

而在现代的城市规划中，城市广场作为城市的节点成为城市主要的构图手段，经常被用来组织城市的其他组成要素。现代的城市往往不局限于一个中心广场，而是具有大大小小的、各种性质的广场。这些广场往往以轴线关系的手法形成联系，与道路一起形成城市的骨骼。从这个角度看，广场是城市构图的重要手段之一。

3. 城市广场是城市形象的体现

许多让人流连忘返的城市，不仅因为它们拥有许多优美的建筑，还因为它们拥有许多吸引人的城市外部空间，特别是充满活力的城市广场空间。在现代城市环境中，城市广场空间变得非常重要。它为城市健康生活提供了不同于户内的开放空间环境。同时，也创造了宜人的都市环境，成为体现城市风貌的重要场所。

城市广场往往是城市形象的最为显著的代表。当游客步入一个设计成功的广场，观赏到壮丽的城市建筑物及优美的天际线，观赏到具有田园风情而令人心旷神怡的绿茵和水景，观赏到不同形式的艺术作品和参与各式各样的文化活动时，会对该城市留下深刻的印象。

4. 城市广场是城市生活的重要舞台

城市广场是城市开发和城市更新中提高城市质量、改善城市空间、提高景观质量、增强城市活力、塑造有吸引力的现代城市，以及维护和改善生态环境、提高资源利用效益的重要途径。

随着现代都市的发展，生活节奏的加快，人们需要用某种方式宣泄自己的紧张情绪，消除孤独落寞。城市广场是最好的公共活动场所，也是最好的休闲空间。当人们在广场中交谈、静坐、观赏，广场优美的环境可以使人从压抑的机械节奏中释放出来。公共广场的文化配套设施，为市民提供了文化交流的场所。广场环境设计的文化品位，广场上的各种活动，使每个人都有机会相互交流思想，有机会接触到多元文化，分享文化上的成就。随着时间的推移，人们将接触到的东西逐渐转变为自己的见解，使得思想认识、文化水平、人生修养等得到提高。

5. 城市广场是建筑间联系的纽带

广场是建筑师寻求建筑之间相互配合的有效途径，好的广场可以使人们陶醉于建筑所围合的空间中。本质上，城市广场是一种被限定的室外空间。上海市人民广场就是个典型的例子。它的北边是上海大剧院、人民大厦，南边是上海博物馆，东西两边都是城市建筑，广场处于枢纽地位，把四个方向的建筑紧密地联系了起来。

二、城市广场的类型及特点

（一）城市广场类型

从广场性质上进行分类，大致可分为以下几类：纪念广场、市民广场、生活休闲广场、商业广场、交通广场等，现实中一个广场往往兼具着多种功能。

1. 纪念广场

纪念广场顾名思义是指为了纪念某些人或者某一事件的广场，主要包括纪念广场、陵园广场、陵墓广场等。一般纪念广场会用来举行国家或者城市重要庆典活动与纪念仪式场所，具有较强的政治意义，如北京天安门广场、莫斯科红场等。

2. 市民广场

市民广场包括城市中心广场和一般休闲娱乐广场等类型。中心广场一般位于城市中心地区，最能反映城市面貌，是城市的主广场，如成都的天府广场、合肥的人民广场等。休闲娱乐广场一般位于城市的副中心地区，满足一定范围的市民休闲娱乐的需求。

3. 生活休闲广场

生活休闲广场与人们的生活最为息息相关，一般会设置在小区中心区或者小区周边。生活休闲广场要考虑到周边居民的生活需要，无论从整体的空间形态还是从小品、植物造景等方面都要进行人性化考虑，为居民提供一个休闲、游憩的公共空间。

4. 商业广场

在城市的繁华地段，人流集中的餐饮、商场、娱乐场所等地方，为了减缓交通压力，疏散和疏导人群，在设计上会要求设置商业广场。此类广场在植物造景设计上简洁明快，层次丰富。现在多数的商业广场与步行街结合起来形成了独特的景观，并且便于人们购物、交流和休憩。

5. 交通广场

交通广场通常位于重要交通节点，主要作用是引导交通流量、适当缓解交通压力、作为车辆转换地点。常见的交通广场有火车站、汽车站的站前广场，它们对人车分流，合理安排车辆转换路线有着很大的作用，因而这类广场在规划和配置上要注重人性化，植物景观要简洁明快，周边设施应完备，如超市、餐饮、取款机等，以达到方便旅客出行的目的。

（二）城市广场的空间形态

城市广场从古到今经历了一系列的历史演变。城市广场的空间形态在自由与严格之间不断反复。现代城市广场主要有平面型和空间型，以平面型居多。广场造型形态中最常见的是正方形、圆形、三角形、矩形、梯形和不规则弧线形。从空间形态上，城市广场可以分为以下几种。

1. 上升式广场

上升式广场一般将车行放在较低的层面上，而把人行和非机动车交通放在地上，实现人车分流。

2. 下沉式广场

下沉式广场不仅能够解决不同交通的分流问题，而且在现代城市喧嚣、嘈杂的外部环境中，更容易形成一个安静、安全、围合有序且有较强归属感的空间广场。

3. 阶梯式广场

在外环境设计中，阶梯是构成不同标高层的垂直空间系统的要素之一，同时，它也是丰富空间形态，加强空间层次的一种极富表现力的造型形式。所以，阶梯式广场具有非常丰富的空间层次。

4. 台地式广场

台地式广场是通过垂直交通系统，将抬高层、下沉层和地面层相互穿插组合，构成一种能产生仰视、俯瞰等不同视角和空间起伏变化的广场表现形式。

5. 多层立体广场

多层立体广场多体现为由上下垂直的交通系统设施、步行廊道和过街天桥组成的多层复合式空间，不仅提高了土地的利用率，同时也提供了更多可观赏的内容（人的活动也成为可观赏的风景），从而营造出更热闹、更活跃的商业气氛。

6. 空中广场

空中广场指设在屋顶层或高层建筑顶层的带有绿化、水池或其他活动场地的空间形式。它有效利用了现代城市中的高层空间，扩大了城市公共空间的范围，并使人亲历登高远望的视觉感受和心理体验。

7. 地下广场

地下广场是充分利用了地下空间设计的实用广场，包括地下商业街、地下步行系统、地下停车场和地铁站等，如上海人民广场的地下空间就是一个商业活动广场。

三、城市广场植物造景的原则及植物选择

（一）广场绿地植物造景的原则

1. 充分考虑广场的类型和功能需求

城市广场的类型多样，功能定位和用途不同，其植物选择和配置要符合广场的功能要求。如公共活动广场一般面积较大，因此绿化应适应人流、车流集散的要求，应有可进入的、较集中的开放绿地。植物设计以疏松通透为主，保持广场与绿地的空间呼应，扩大视觉空间，丰富景观层次。纪念性广场和文化广场，为了表达区域文化和特色绿化，布局上要求严整、雄伟，多为对称布局，应选高大常绿乔木，树形整齐完整。

2. 遵循地域性，反映地方特色

广场植物选择和造景应因地制宜，适地适树，并体现地方特色和风格，突出个性化。

3. 明确广场基调树种

基调树种是广场植物配置的支柱，对保护环境、美化广场、反映广场面貌的

作用显著，应在一定的调查研究的基础上确定。基调树种应用量大、分布较广，对广场环境的面貌和特色起决定作用，要求抗性和适应性强。

4. 考虑植物的多样性

注意常绿树和落叶树，乔、灌、草等植物的合理比例关系，同时考虑植物的花色、花期、叶形、树形、花形、果形等，以营造多种植物景观。

（二）广场绿地植物造景的形式

1. 规则式植物景观设计

规则式植物景观设计主要用于广场围合地带或长条形地带，用于间隔、遮挡或作背景。特点是整齐庄重，富有秩序感，适用于规则式广场。可用乔、灌、花相间种植形成丰富的植物景观，适当株间距以保证充足光照和土壤面积。主要形式有对植、列植、绿篱等。对植常用于广场道路两侧，于广场入口中轴线等距离栽植两株大小相同的树种；列植常用于道路树和绿篱围合。应选用树干通直、树冠规整、枝叶茂密、树形美观的树种，如香樟、广玉兰、雪松、棕榈、朴树、栾树、银杏、合欢、乌桕、樱花树等。

2. 组合式植物景观设计

组合式植物景观设计形式有丰富、浑厚的效果，排列整齐时远看很壮观，近看又很细腻，可用花卉和灌木组成树丛，或者用不同乔木或灌木组成，也可用片植，多用于林带和林地，形成树木规整的群体景观。设计时横向和纵向要规则等距、高低一致，给人以整齐有气势之感。大面积的片植林中，可按四季景色配置成春花、夏荫、秋色、冬青等画意浓厚的观赏林。

3. 自然式植物景观设计

自然式广场植物景观设计在一定地段内，花木种植不受统一的株行距限制，层次分明，错落有序，从不同的角度望去有不同的景致，生动而活泼。这种布置不受地块大小和形状的限制，可巧妙地解决与地下管线的矛盾。种植形式主要有孤植、丛植以及组团式栽植等。

（三）广场绿地植物造景的方法

1. 依植物的形态和习性进行造景

每种植物都具有一定的生态学和生物学特性，景观植物的景色随季节而变，因此要避免树种单一，要结合不同植物的观赏特点进行搭配。如由银杏、油松、连翘、紫薇、翠柏组成的植物配置中，春观连翘，夏观紫薇，秋观银杏，冬季油松、翠柏常绿，避免了景色的单调。

2. 强化色彩的设计

色彩的表现形式一般以对比色、邻补色、协调色体现。另一种表现效果是色块，色块的大小直接影响对比与协调，色块的集中与分散是最能表现色彩效果的手段，而色块的排列又决定了绿地的形式美。

3. 考虑景观层次及远近观赏效果的植物造景

景观层次包括平面和立面层次，观赏平面上应注意植物的疏密度和轮廓线，立面上应注意林冠线和透视感。远近观赏效果包括空间和时间的远近，远看整体效果，近看个体形态。时间上应注意近期与远期观赏效果相结合。

（四）广场绿地植物造景

1. 广场入口与道路的植物应用

广场绿地大多是开敞式的，其入口往往是多方位的，有的甚至没有明显的入口。为充分和合理利用广场空间，可根据功能的分区需要，利用市政道路与广场的节点，巧妙进行植物栽植，创造出入口的意境和景观，不仅可引导游人出入，也可增加广场绿量并形成亮点。广场绿地道路主要通过乔、灌、草花的科学和艺术性进行合理搭配，在展示风景和美感的同时，发挥间隔和引导游人集散的功能，并提供休闲放松、健身娱乐的场所。

2. 广场草坪的应用

草坪铺设是广场绿化最普通的手法。草坪一般布置在广场的辅助性空地，供观赏、游戏之用。草坪空间具有视野开阔的特点，可拓展层次，衬托广场形态美感，所选草种需低矮、耐践踏、抗性强、绿期长、管理方便。

3. 广场花卉的应用（花坛、花台、花池、花境）

花卉是广场绿化的重要造景要素，可以给广场的平面、立面形态增加变化。花坛、花池的形状要根据广场的整体形式来安排，常见的形式有花带、花台、花钵及花坛组合等。其布置位置灵活多变，可放在广场中心，也可布置在广场边缘、四周，可根据具体情况具体安排。

花境的布置多在块状绿地中间，或在广场周边与道路过渡的绿地中，也常结合广场景石或建筑等布置。

4. 广场攀缘植物的应用

攀缘植物在广场中多用于花架、假山石绿化及灯柱装饰灯，也可用于广场小品、建筑或构筑物的美化等方面。

攀缘植物的应用形式有附壁式、凉廊式、棚架式、篱垣式、栏蔓式、立柱式、悬垂式等，常用植物有紫藤、凌霄、炮仗花、常春藤、络石、矮牵牛、爬山虎、五叶地锦等。

5. 广场地被植物应用

大片种植地被植物可营造出较开阔的广场空间，且比草坪景观更为丰富；在广场的树坛、树池中种植，可增加绿量，丰富景观层次；林下片植，可保持土壤自然，增添林相和层次等。

常用地被植物有玉簪、吉祥草、沿阶草、阔叶麦冬、红花酢浆草、石蒜、鸢尾等。

第三节 宅旁绿地植物配置与造景设计

宅旁绿地是居住区最基本的绿地类型，包括宅前、宅后，以及建筑本身的绿化用地，与居民的日常生活关系非常密切，是居民日常户外休息、活动、社交、观赏的良好场所。合理地设计宅旁绿地，能对整个居住小区住宅建筑起到美化、装饰、标示的效果。

随着小区建设的日益发展及居民对环境要求的不断提高，住宅建筑的形式及宅旁绿地的空间组合也更加多样。如何根据住宅周边自身的特殊环境合理选择植物，提高绿地率与绿化覆盖率；如何在植物造景中采用适宜的植物景观配置形式，做到既有丰富的植物种类，又有整体统一的效果，创造生态环境良好的人居生活户外空间，是宅旁绿化设计首要面临的问题。

一、宅旁绿地的特点

（一）贴近居民，领有性强

宅旁绿地是送到家门口的绿地，常为相邻的住宅居民所享用，有较强的领有性。不同的领有形态，居民所具有的领有意识也不尽相同。离家门越近的绿地，领有意识越强，反之越弱。居住小区公共绿地要求统一规划、统一管理，而宅旁绿地则可以通过植物种类、疏密、高低色彩等不同形式的搭配，为居民创造各种不同的植物景观，使不同的领有性得到应有的满足，避免推行同一种模式。

（二）绿化为主，形式多样

宅旁绿地多以绿化为主，绿地率达 90%~95%。宅旁绿地较之小区公共集中绿地相对面积较小，但分布广泛，是小区绿化的基本单元，且住宅建筑的排列不同，形成了宅旁空间的多变性，所以绿地因地制宜也就形成了丰富多样的宅旁绿化形式。近年来，随着住宅建筑的竖向发展，绿化也同步向立体、空中发展，如台阶式、平台式、底层架空式和连廊式等住宅建筑的绿化形式越来越丰富多彩，大大增强了宅旁绿地的空间特性。

（三）以老人、儿童为主要服务对象

宅旁绿地的最主要使用对象是学龄前儿童和老年人，满足这些特殊人群的游憩要求，是宅旁绿地绿化景观设计应遵守的原则。绿化应结合老人和儿童的心理和生理特点来配置植物，合理组织各种活动空间、季相构图景观及保证良好的光照和空气流通。

（四）植物配置存在制约性

现代居住小区为了提高容积率，多采用多层或高层的建筑类型，使得宅旁绿地的光照受到影响，在南面存在阴影区，不利于阳性植物的生长。此外，各种管线埋设、消防、视觉卫生等因素，对植物的选择与布置也形成一定的制约。

二、宅旁绿地的类型

宅旁绿地是住宅内部空间的延续和补充，它虽不像公共绿地那样具有较强的娱乐功能，但却与居民日常生活起居息息相关。宅旁绿地反映了不同居民的爱好与生活习惯，在不同的气候与环境条件下，不同时期出现不同的绿化类型。

（一）宅旁绿地的平面空间类型

1. 树林型

以高大的树木为主形成树林，大多为开放式绿地，居民可在树下活动。树林型一般要求宅旁绿地的面积较大，它对住宅环境调节小气候的作用比较明显，但缺少花草配置，在层次和色彩上显得单一。

2. 花园型

在宅间以篱笆或栏杆围成一定范围，布置花草树木和园林设施，可以是规则式也可以是自然式，有时形成封闭式花园，有时形成开放式花园，色彩层次较为丰富。在相邻住宅楼之间，可以遮挡视线，有一定的隐蔽性，为居民提供游憩场地。

3. 草坪型

以草坪绿化为主，在草坪边缘适当种植一些乔木和花灌木、花草之类。这种形式多用于高级独院式住宅，有时也用于多层或高层住宅。这种类型对草坪养护管理要求较高，若管理跟不上，种后两三年就可能失去理想的绿化效果。

4. 棚架型

以棚架绿化为主，采用开花结果的蔓生植物，有花、葡萄、瓜豆和可作中药的金银花、枸杞等，既美观又实用，较受居民喜爱。

5. 篱笆型

在住宅前后用常绿或开花植物组成篱笆，如用宽约80cm的桧柏、珊瑚树、凤尾竹等组成1.5~2.0m及以上的绿篱，分隔或围合，形成宅旁绿地。还可以用开花植物形成花篱，在篱笆旁边栽种爬蔓的蔷薇或直立的开花植物，如扶桑、蔷薇等，形成花篱。

6. 园艺型

根据居民的爱好，在宅旁绿地中种植果树、蔬菜，一方面绿化，另一方面生产果品蔬菜，供居民享受田园乐趣。这一类型的宅旁绿地一般私有化，多用于独院式住宅，一般种些管理粗放的果树，如枣、石榴等。

7. 停车场型

居住区停车位有部分设置在建筑旁边，分布在车行路单侧或两侧。由于停车位需求数量剧增，两楼间绿地有限，所以停车位铺装和车行道占用了大量绿地。这样的宅旁绿地在主要满足停车使用功能的前提下，应进行充分绿化，并且对防尘、降噪有一定的作用。

（二）宅旁绿地的立体空间类型

1. 窗台绿化

窗台种植池的类型，要根据窗台的形式、大小而定。最简单的窗台种植是将盆栽植物放在窗台上。可用于窗台绿化的材料较为丰富，有常绿的、落叶的，有多年生的与一二年生的，有木本、草本与藤本的。根据窗台的朝向等自然条件和住户的爱好选择适合的植物种类和品种。

2. 阳台绿化

现代住宅小区为迎合人们对绿色、环保的追求，开始设计风景绮丽、风格各异的阳台风景，在我国一些城市如北京、上海、广州等，将阳台绿化作为城市绿化的新亮点，已经被越来越多的城市居民所接受。把植物种到自家阳台上，兼具绿化美化效果和生态功能，如能做到全家一起经营这个小园，则不仅可以丰富生活情趣，更有助于增进家庭和谐。

3. 墙面绿化

墙面绿化是一种占地面积少而绿化覆盖面积多的绿化形式。墙面绿化要根据居住区的自然条件、墙面材料、墙面朝向和建筑高度等选择适宜的植物材料。墙面绿化植物材料绝大多数为攀缘植物。经实践证明，墙面材料越粗糙，越有利于攀缘植物的蔓延与生长，反之，植物的生长与攀缘效果较差。为了使植物能附着墙面，可用木架、金属丝网辅助植物在墙面攀缘。在市场上可以选购到各色各样的构件，利用这些构件可以砌成有趣的墙体表面，让植物茂密生长构成立体花坛，为建筑开拓新的空间。

三、宅旁绿地植物造景原则

（一）坚持生态性与经济性原则

宅旁绿地关系到一个小区居民的生活质量，同时也影响着小区绿地系统整体效益的发挥。如对古树名木加以保护和利用，既能发挥最大的生态效益，又能节约建设成本；选择易活的乡土树种来植物造景，不仅提高了植物的存活率，也减轻了后期养护管理的负担；位于厂矿附近，大气质量不是很好的住宅区必须注重选择抗污染的树种，在尘埃物来源的风口上必须种植高大乔木等。在生态优先的前提下，植物的选择还应该顺应市场的发展需求及地方经济状况，提倡朴实简约，反对浮华铺张，尽量选用抗性强、耐修剪、好养护的植物，可以降低后期维护费用。

（二）植物造景体现人性化需求

宅旁绿地作为人们使用频率较高的景观绿地，其设计要适合居民的需求，向更为人性化的方向发展。植物配置和人的需求完美结合是植物造景的最高境界，因此，园林绿化所创造的环境氛围要充满生活气息，满足不同的居住人群的需求，营造人文关怀的景观效果。

（三）以植物造景为主，结合其他园林要素

宅旁绿地应以植物造景为主，如果布置有座椅及供安静休息的场地或者小型的园林小品等，植物的配置要与之有机融合，形成良好的休息观赏环境。另外，绿化配置时要注意比例与尺度，避免由于树种选择不良而造成空间拥挤、狭窄的感觉，树木的高度、大小要与绿地的面积、建筑间距、层数相适应。

（四）植物造景体现艺术性

宅旁绿地的植物配置与造景在艺术布局上要与整个居住区绿化相协调，而且要与周围城市园林绿地相衔接，巧妙地利用植物的形体、线条、色彩、质地进行构图，并通过植物的季相及生命周期的变化，构成一幅活的动态图，给人以视觉、听觉、嗅觉上的美感。此外，植物造景还可以通过借鉴绘画艺术原理及古典文学，实现园林意境的营造，既丰富了居住区植物景观的色彩和层次，又增添了居住区的生机和情趣。

（五）装点建筑，绿化内外互相渗透

宅旁绿地是住宅室内外自然环境与居民紧密联系的重要部分，通过室内外一体绿化，将宅旁绿地、庭院、屋顶、阳台、室内的绿化结合起来，更能促使居民在生活中感受绿色空间，享受大自然。在住宅小区绿化设计时，可将建筑实体作"底"，绿化元素作"图"，将绿化立体化，使用多种攀缘植物，如地锦、五叶地锦、爬山虎等，来绿化建筑墙面、屋顶、各种围栏与矮墙，提高居住区立体绿化效果，发挥更大的生态效益。

四、宅旁绿地植物造景的方法

（一）科学选择绿化树种

1. 因地制宜，适地适树

宅旁绿地作为居住区绿地的一部分，在做植物配置与造景时，要本着因地制宜的原则，充分考虑当地的气候特征和土壤特征来选择树种。居住小区在房屋建

设时，对原有土壤破坏极大，建筑垃圾多，绿化土层薄，加之生活污物、污气的排放，使植物的生态环境受到影响。因此，在植物选择上应首先选择耐贫瘠、抗性强、管理粗放的乡土树种，同时结合种植速生树种，以保证种植成活率，促使环境及早成景。如在成都，银杏、雪松、香樟、栾树、广玉兰、枫香、红枫、榉树、朴树、樱花、桂花、冬青等都是宅旁绿地中常见的树种。

2. 尊重生长环境

由于植物栽植受建筑人工环境影响大，植物的选择还应考虑建筑物的朝向。南向窗前不要有植物的遮挡，尤其是常绿植物，在冬季对阳光遮挡，会有阴冷之感，一般应栽植低矮的灌木和落叶乔木，夏天可遮阳，冬天又可享受阳光的温暖。建筑物东西两侧是人们夏日纳凉、冬日取暖的好去处，应以落叶乔木为主。建筑物北面，可能终年没有阳光直射，因此应尽量选用耐阴观叶植物。而在建筑物的西面，需要种植高大阔叶乔木或进行墙面绿化，对夏季降温有明显的效果。另外，墙面绿化在朝南墙面，可选择爬山虎、凌霄等，朝北的墙面可选择常春藤、扶芳藤等。

3. 体现保健功能

现代人越来越追求健康生态的生活方式，而宅旁绿地是与居民关系最紧密的生态环境。在树种选择上，除了满足观赏需求，应尽量选择保健植物，因为这些植物能分泌杀菌素、抗生素等化学物质，抑制和杀死病毒、细菌，有利于居民的身心健康；有些还能分泌对人体有益的物质，这些物质通过嗅觉和触觉被人体吸收，从而达到防治疾病的目的。例如香樟能散发芳香性挥发油，帮助人们祛除风湿、止痛等。长期在银杏树下锻炼对胸闷心痛、痰喘咳嗽等均有疗效。还有一些抗污染的植物，如榕树、蒲葵、樟树、白千层、夹竹桃等，可以吸收空气中二氧化硫、氟化氢、氯气等有害物质，有利于净化空气。现在，越来越多的小区在景观设计主题中，也将保健型植物考虑在内，受到居民的广泛好评。

（二）植物景观和建筑相协调

建筑环境与绿化景观存在着互为衬托、互为融合的关系。住宅建筑在形体、风格、色彩等方面是固定不变的，没有生命力，多是几何硬线条。因此，需用软质的绿化植物的高度、体量、色彩、质地来衬托、弱化建筑形体生硬的线条和丰富外墙立面景观。同时建筑也因植物的季相变化和植物不同的配置形式，使其构图变得灵动而富有生气。

1. 高度

对于低层的建筑，一般总高不超过 15m，建筑尺度比较小，住户多以近景作为窗外的风景，这就要求宅旁绿地不能种植过于高大的乔木，以免影响室内采光和住户的观景视线，多以观花小乔或花灌木为主；对于多层住宅建筑，楼高一般在 15～18m。这样的高度，在楼内产生了俯视视线，楼外产生仰视视线，宅旁绿地的绿化应当弱化建筑的高度感，那么宜种植高度为 7.5～10.5m 的大乔木；对于高层住宅建筑，兴建于在大城市、特大城市甚至超大城市里，这种建筑体量过大，不仅给居住区环境带来压力，还令"身居高位"的人们丧失园林的亲切感，绿化仅仅变成低层居民日常享用的香饽饽，高层住宅建筑宅间绿地一般比较大，种植高度为 10m 以上的大乔木能够使植物与建筑相协调，既丰富建筑的立面效果，也能改善建筑缺乏绿色的现状，从而改善生态环境。

2. 体量

植物的体量大小直接影响着宅旁绿地的空间结构和设计布局，也影响植物与建筑是否和谐。低层住宅形成的园林空间，没有过高的人工突起物，与植物结合密切，住宅就好像天然融入了大自然之中。宅旁绿地中植物不能太多、太密，要注重细节，与园林环境中的人的尺度相一致，真正形成丰富而细腻的宜人的园林景观。多层住宅中，建筑与乔木的高度相近，树木成年后，能够基本覆盖建筑以外的部分，建筑与植物都不占主导地位，一同成为被欣赏的主题，总体的体块关系属于镶嵌关系。高层住宅园林环境的营造，很容易受到建筑体量的影响，使园林景观规划设计中的体量偏大，因此宅旁绿地的绿化要充分结合宅间绿地、中心绿地等的绿化，使之形成紧密连接的整体，为居民提供活动场所，带来审美享受。

3. 色彩

植物的色彩丰富，季相变化明显。要使植物与建筑协调，还应该对其色彩进行合理的搭配。建筑的外墙面色彩暗淡时，应选用色彩较明快的植物；建筑的外墙面为浅色时，应选用偏深绿色的树种，形成一种"粉墙花影"的画面。灰白色墙面前，宜种植红花或红叶植物；红色墙面前，宜种植开白花或者黄花的植物。

4. 质感

植物的质感，是指单株植物或群体植物直观的粗糙感和光滑感。单个叶片的大小、形状、外表以及小枝条的排列都是影响观赏质感的重要因素。根据植物的质感在景观中的特性和潜在用途，可将植物分为粗质树、中质树和细质树。对于粗犷的建筑外立面，应选用叶片较大、叶面较粗糙、枝干浓密粗壮、生长松疏的粗质树，如梧桐、七叶树、枫杨、泡桐、广玉兰等。

（三）植物配置巧妙运用艺术手法

1. 主次分明，疏朗有序

宅旁绿地的植物配置景观要表现出自己的特色，应该做到主次分明，即主要突出某一树种进行栽植，其他树种进行陪衬。往往选用树冠丰满、株型漂亮的植物作为主要树种，有韵律地排列，或者搭配灌木、草花等，形成组团景观，吸引人们注意。疏朗有序，即自然地进行栽植，以达到"虽由人作，宛若天开"的景观效果。

2. 群落丰富，层次分明

居住区绿地面积往往有限，要想增加绿地覆盖面积，在进行植物配置时，应该注重种类和层次的搭配，乔木、灌木、草本花卉、藤本植物有机结合，常绿与落叶、速生与慢长相结合，组成层次丰富、适合该地自然环境条件的人工植物群落。经研究证明，居住区绿化中采用"乔木+灌木（耐阴植物）+草花+草坪"的模式更利于植物群落的稳定性，可最大限度地提高总叶面积及绿化覆盖率，同时丰富景观层次。因此，在做植物设计时，不妨多采用这样的模式。在重庆，就有不少居住区宅旁绿地采用散植"二乔玉兰+散尾葵—木芙蓉+山茶+棕竹—红花檵木+海桐+杜鹃"的植物配置模式，景观效果极佳。另外，宅旁绿地空间有限，要增大绿量，还可以借用建筑立面，做垂直绿化。攀缘植物除绿化作用外，其优美的叶形、繁茂的花簇、艳丽的色彩、迷人的芳香及累累果实等都具有独特的观赏价值，在丰富植物群落和体现景观多样方面占据不可替代的地位。

3. 强调季相变化

在植物造景过程中，突出一季景观的同时，要兼顾其他三季景观，做到四季都有景可赏。如把常绿树与落叶树的比例控制为1：3，乔木与花灌木的比例控制为1：1。早春时期，樱花、桃花以常绿树为背景，避免花量大、常绿量不足的缺点；而在其他季节，其他花灌木相继开花，延长花期，丰富植物景观，使人们在不同季节欣赏到不同的景色。

4. 围合空间的合理应用

宅旁绿地所设计的空间环境应根据住户需要，做成不同形式，有封闭型（四周全被遮挡）、半开放型（有开阔视野，有封闭视线）、开放型（视线通透）。要营造不同的围合空间，可以利用乔、灌、地被等植物的高低、大小、疏密的不同来完成。如密植的树丛、树带、篱垣形成的封闭空间能给人以隐蔽、宁静、安全的感受；绿荫当庭的孤植乔木形成封顶开平的半开放空间；明快的缀花草坪或低矮的观花灌木形成的开放空间为居民的沟通交流、户外活动提供方便的交往场所。合理组织空间多样的变化，可以满足不同年龄、不同喜好居民活动的要求，丰富邻里沟通的生活内容，改善住宅楼封闭疏远的人际环境。

5. 林缘线和林冠线的合理处理

林缘线是树冠在平面上垂直投影的线，林冠线是天空与树冠的交接线。进行植物造景时，要充分考虑植物的外部轮廓和立体感，合理应用起伏曲折的地形，创造优美的林缘线和林冠线，从而打破建筑群体的单调和呆板感。主要的方法包括：一是选用不同树形的植物，包括塔形、柱形、球形、垂枝形等，如雪松、水杉、龙柏、香樟、广玉兰、银杏、龙爪槐、垂枝碧桃等，构成变化强烈的林冠线；二是选用不同高度的植物，构成变化适中的林冠线；三是利用地形高差变化，布置不同的植物，获得相应的林冠线变化效果；四是通过花灌木近边缘栽植，如利用矮小、茂密的贴梗海棠、海桐、杜鹃、金丝桃等密植，使之形成自然变化的林缘线。

6. 突出良好的文化环境氛围

宅旁绿地的植物景观若赋予艺术意蕴，会产生良好的美学效果，环境的熏陶也会加强居住区文化软环境建设，形成文明的氛围。

（四）植物景观和居民生活的融合

1. 满足居民休闲活动的需要

宅旁绿地的主要服务对象为附近住宅居民，尤以老人、儿童游憩活动时间最长，植物景观设计应考虑老人、儿童的生理、心理特点。如在晨练、遛鸟、下棋等积极休息活动处，种植庇荫效果好的落叶乔木；在交谈、赏景、阅读等安静活动处，种植一些树形优美、花香、色彩宜人的树木以及时令花卉，为居民提供舒适的园林环境；在儿童区，选择色彩明快、耐踩踏、抗折压、无毒无刺的树木花草,如红叶石楠、红花檵木等,不宜种植有毒、带刺以及易引起过敏的植物,如夹竹桃、月季、玫瑰等。

2. 满足居民个性化的需要

一个居住小区中住宅楼房往往外形相似,而居民总希望自家门前景观能够与众不同,回家时或者朋友来访时都更易识别,如可以通过廊架上栽植不同的植物作为住宅楼的标识。这就需要设计师一方面通过建筑的布局,营造丰富多样的宅旁绿地空间;另一方面通过个性化的植物景观设计,强化视觉、嗅觉、触觉、听觉感受,增强绿地空间的可识别性,提升居民对于家和周围园林环境的归属感。

(五) 种植设计的合理性和安全性

宅旁绿地贴近居民,应特别具有通达性和实用观赏性,在进行宅旁绿化配置时,要充分考虑光线、通风、湿度等因素,近宅处多种植草坪或低于窗台高度的低矮灌木,如变叶木、花叶假连翘、沿阶草、桂花、花叶鹅掌柴、朱蕉、雪茄花、黄金榕、九里香、文殊兰、肾蕨、福建茶等,使住房能保持良好的通风和采光,同时也可避免昆虫轻易进入室内。高大的乔木或灌木的种植一般要间隔建筑门窗 5m 的距离,南方地区的部分小区也有在宅旁种植乔木的,但多数种植棕榈科植物(如大王椰子、假槟榔、蒲葵等)或一些落叶乔木(如木棉、鸡冠刺桐等),以达到通风透气的效果;此外,也有些小区在房宅西面种植阔叶植物(小叶榕、洋蒲桃等),以利于遮阳。

靠近公路边的宅旁以种植高大乔木或紧密灌木丛为主,不仅保证了住户的私密性,也能达到隔音、防尘、美化的效果。如果宅旁绿地为停车位,应选择干直、冠大、叶茂的乔木,形成浓荫,适宜人和车停留。树木间距应满足车位、通道、转弯、回车半径的要求。树木分枝点的高度应满足车辆净高要求,微型和小型汽车为 2.5m,大型和中型客车为 3.5m,自行车停车场也应充分利用树荫遮阳防晒。庇荫乔木枝下净高应大于 2.2m。

此外,住宅附近管线比较密集,有自来水、污水管、雨水管、煤气、热力管、化粪池等各种管线,树木的栽植要避开管线,留够距离,以免影响植物的正常生长。如果宅旁小道同时是小区消防通道,植物种植也要为其留够距离,可做成隐形的消防通道。

第四节　公共建筑植物配置与造景设计

公共建筑作为人与社会交流的一种场所,遍布人们社会生活的各个角落。公共建筑被定义为供人们进行各种公共活动的建筑。事实上,公共建筑包含办公建筑(如写字楼、政府部门办公楼等),商业建筑(如商场、金融建筑等),旅游建筑(如旅馆、饭店、娱乐场所等),科教文卫建筑(包括文化、教育、科研、医疗、卫生、体育建筑等),通信建筑(邮电、通信、广播用房)以及交通运输类建筑(机场、车站建筑、桥梁等)。

公共建筑具有公共性、开放性,室内外空间人流量大且建筑结构复杂等特点。近年来,各种类型的公共建筑越建越多,其自身的绿化水平对整个城市环境的影响也越来越大。在进行植物设计时需要考虑建筑总体的规划布局、多种功能关系以及室内空间的组合形式等多方面的问题。

一、公共建筑植物配置与造景的功能

(一) 生态功能

近年来,随着城市的建设和经济的发展,城市公共环境嘈杂、街道车流繁忙、空气污染严重,环境治理工作刻不容缓。众所周知,绿色植物具有以下生态功能:保持水土;产氧吸碳(维持大气成分稳定);调节城市"热岛效应"、增加空气湿度(改善小气候);净化空气、吸尘滞尘、消减噪声。在城市公共建筑绿地中,植物是城市生态系统中最活跃、最有生命活力的部分,它能在一定程度上有效地调节处在其自身和周围城市区域的气候环境,增强城市绿色空间和附近局部地区的环境容量,促进城市生态平衡。

(二) 景观功能

不同种类的园林植物有着不同的树冠、枝干叶、花果等,植物配置以其特有的点、线、面、体形式以及个体和群体组合,在公共建筑空间环境中形成具有生命活力的植物景观。植物的融入不仅为城市景观增添了丰富的层次,也对硬质的城市空间(建筑立面、地面铺装等)起到了软化和装饰的作用,使其更有亲和性。

（三）交通指示功能

建筑里的人与外界的联系主要体现在交通上，在公共建筑边缘空间中，各种类型交通在此集中，交通量小的建筑尚且单纯，交通量大的则具有较为复杂的交通活动。这就要求公共建筑绿地的植物配置既要与建筑物的具体使用有良好的功能关系，又要与城市道路绿化形成有序的联系。尽可能减少人流之间、车流之间及人流与车流之间的交叉和干扰，做到各种交通流线清晰醒目、方便快捷。此外，植物配置还要为人流、车流集散空间留够场地，尊重交通先行原则。

（四）休闲功能

公共建筑绿地空间要充分体现对自然环境与社会环境的尊重，作为公共建筑的组成部分，它必须符合建筑自身的性质和风格形式，体现建筑的整体感与和谐美，还应体现出对人的关怀。因此，要考虑人们进出时的各种行为需求，在室内室外设置停留时必要的服务设施，植物配置要紧密配合这些设施。如在休息坐凳旁边种植落叶大树，夏季遮阳，冬季采光；人们集中停留地前方视线内用植物组团，增添视线美感；与雕塑小品有机结合，增添场所文化内涵，强化时代风格等。

二、各类公共建筑的植物设计

（一）办公建筑

办公建筑的创建是为了给人们提供高效率工作的环境。办公建筑及其外环境是体现一个城市的经济实力和对外展示的窗口。很多城市办公建筑集中的区域，已经成为一个城市的名片，如纽约曼哈顿、伦敦金融城、东京新宿、香港中环等，都代表了城市中最前沿的设计，具有明显的时代感。植物景观作为办公建筑外环境的重要组成因素，也应该与时俱进，形成鲜明的时代感和特有的风格魅力。

1. 办公建筑内外的植物环境特点

现代办公建筑一般为高层建筑，有些更是位于城市的黄金地带，然而这一区域往往用地紧张、建筑密度高、光照异常、交通流量大，形成了这一区域的特殊小气候，对植物景观产生很重要的影响。另外，城市中大多数人一天中的大部分时间都是在办公楼中度过的，工作和社会竞争的压力使人们处于紧张和亚健康的状态。为了缓解压力，一味提高绿化率，已经远远不能满足上班族的审美需求，他们需要更能符合自己身份和品位的具有一定风格的植物景观。

2. 办公建筑植物设计要点

植物作为景观创作的一个组成部分，与其他要素的有机结合是最终目的。在对办公建筑外环境植物景观进行设计的时候，应该对基地的特征有所理解，并将这些特性融入植物景观之中，形成具有地域特色，并与建筑风格相统一，与办公人员行业特征相符合的植物景观。

（1）以生态为基础体现地域文化

植物生态习性的不同及各地区气候条件的差异，致使植物的分布呈现地域性，不同地域环境形成不同的植物景观都具有不同的特色。同时，由于办公建筑外环境的特殊小气候的形成，如果不符合植物的生态特性，植物就不能生长或生长不良，也就更谈不上景观的塑造。我国地域辽阔，气候迥异，宜根据不同地域条件选择适合生长的植物种类，营造具有地方特色的景观。例如北京的国槐、侧柏，深圳的叶子花，攀枝花的木棉，都具有浓郁的地方特色。在办公建筑外环境中运用具有地域特色的植物材料营造植物景观对弘扬地域文化和陶冶情操都具有重要意义。

（2）与建筑的融合

我国城市建设中大多先有建筑，后考虑景观环境的美化。因此办公建筑植物景观的风格塑造要考虑与建筑风格相符合。当代各种建筑流派、主义与思潮的并存，呈现出百花齐放的局面。例如现代主义、解构主义、后现代主义以及第三世界建筑风格等都在我国办公建筑中有所体现，对建筑的流派和风格进行了解，对其主要设计手法有所掌握，并将其融入植物景观设计中。

（3）与行业特征相符合

不同行业的办公建筑环境中的植物景观在风格上需要结合本行业的特点。行政办公建筑外的环境需要反映政府部门的庄严、严谨和亲民、廉洁等特点，植物景观一般在空间上处理得较为开敞简洁，不宜采用过多华丽色彩和跳跃线条，另外，适当采用有廉洁、坚韧气质的植物来造景，能更好地表现行政办公建筑的文化气息。商务办公建筑的环境中，雄厚的财力和极强的信赖感才是其应传递给人们的第一印象。植物景观应呈现出稳重之感，并体现诚信内涵，植物的色彩、形象应当在统一的前提下，通过适当的点缀和装饰，来丰富视觉感受。科研办公建筑周围的植物设计应该和置身之地的单位、园区有一些区别，建筑外围可以用植物来划分空间，显现科研办公建筑的独立性。

（二）商业建筑

商业建筑空间作为城市公共空间是不可或缺的一部分，在城市经济的发展、人们生活水平的提高、城市形象的改善方面都有重要的作用。现代城市的商业建筑，不再仅仅是人们购物的场所，更多的是集购物、餐饮、休闲、娱乐于一体的商业综合体。作为一站式购物的"天堂"，设计城市商业综合体景观的时候很有必要考虑购物者需求。往往购物者经过一段时间的购物消费，身体会觉得比较疲惫，如果前期的景观设计考虑到休息设施的设计，那么购物者经过短时间的休息就又可以重新投入到商业活动中去。那么，如何在商业建筑的公共空间里，为人们创造清新舒适的生态小环境，既能舒缓疲劳，又能赢得顾客的青睐，植物的配置造景将发挥重要的作用。商业建筑植物设计要点：

1. 植物品种选择

根据当地的地域特征，优先选择乡土和管理较为粗放的树种。温带地区以落叶乔木为主，亚热带地区以常绿树种为主。同时考虑树种的生态习性和经济价值。植物色彩要鲜明亮丽，造型要简洁大方。用不同颜色、质地、高度和阴影变化的植物，制造丰富的景观层次，令消费者赏心悦目，情绪高昂。

2. 注重乔木种植

高大的乔木绿化不仅可以在夏季为人们提供充足的树荫，增加空间的亲切感，还可为人们带来其他植物种类所无法相比的生态效益。适量的乔木种植是保证空间所需"绿量"和提高广场与人们之间"亲和力"的有效措施。

3. 注重季相变化

植物的季相种植可以丰富商业综合体景观，因此植物的选择和配置应该考虑季相变化，使商业街区一年四季都呈现生机勃勃的自然景观。另外，季节多变型景观还可以为城市商业综合体带来足够的人气，无形中促进其购物和休闲功能的繁荣和发展。

4. 注重室内绿化

常见的商业建筑，尤其是大规模的购物休闲中心，通常会运用自然景观元素装饰室内空间，以植物为主体的景观设计既适应了花样不断翻新的商品，改善了室内环境和空气质量，也使得室内空间增加生气。在城市的大型购物休闲中心室内景观营造中，通常将成片的室内景观和公共大厅以及休息餐饮区结合在一起。在交通节点，如电梯上下口处视面积大小适当配置绿色景观，给人们视觉带来自然享受。购物休闲空间平时人口相对比较密集，室内空间相对封闭，造成内部空气质量相对较差，空气流通不好，因此设计时可以考虑多选择吸收二氧化碳能力较强的植物，如棕榈、天门冬、吊兰等改善室内环境。在结合公共休息座椅的植物景观设计中，尽量不要让培养土裸露在人能接触到的范围内，防止污染。

三、旅游建筑

旅游建筑是指现代旅游业的经营者们为了满足旅游者食、住、行、游、购、娱六大需要而投资兴建的建筑以及利用传统建筑中其他功能退化、游娱功能突出的那些建筑的总和。大自然风景资源异常丰富，孕育着独特而绚丽的山水景观。这就为旅游建筑提供了得天独厚的先天条件。充分发掘和利用大自然之美，优选最佳最美处修建旅游建筑，既是自然人化的需要，更是人化自然的选择。我国大部分旅游建筑都身处自然风景区或人文风景区中。随着经济的发展，时代的变迁，城市中逐渐兴起度假型旅馆、酒店等面向更高消费层次的消费群体。城市里的旅游建筑，虽不能寄情山水，啸傲林泉，但求舒适起居、欢畅饮宴、悠闲游赏、颐养身心，旅游建筑绿地为人工自然，可构成一种特定的环境、氛围与情感，提升旅游建筑的形象，完善其品质。

（一）植物设计与建筑总体协调

旅游建筑绿地总体的园林艺术布局应该是建筑和环境协调一致，以创造舒适怡人的旅游休闲环境，绿化部分必须配合建筑的形式和风格。如成都的锦江宾馆，周边密植树木，园内各景区和景点之间结合地形地貌进行有疏有密、有开有合的植物配置，形成密林、疏林和缀花草地等不同景观。优美的园林环境成就了锦江宾馆"花园宾馆"的美誉；再如三亚亚龙湾铂尔曼度假酒店，建筑风格是东南亚风格，在植物造景上，选择有热带风情的椰子树、槟榔树、鸡蛋花、大叶的草本植物，如旅人蕉科、美人蕉科、天南星科的植物，还注意了彩叶树种的搭配，比如红桑、变叶木等，成功营造出一个美轮美奂的天堂。具有地方特色的旅游建筑则要符合民俗风情，形成富有诗情画意的旅游休闲场所。

（二）植物配置满足各种功能要求

旅游建筑大小各有不同，酒店植物造景的功能必须要满足游客的休息和娱乐的需要，同时还应该照顾到各方面旅游者的爱好及游览赏景的需要。力求通过因地制宜造景的方法，形成建筑内不可缺少的园林气息、游览空间。比如庭院可用高低错落的绿色植物和花廊花架等将整个空间分隔成大小不同的园林空间，各个园林空间中又有各自独特的景观。主路连接各个花园，各花园中再有园林小路，连接各个景点，形成一个完整的游览路线。各园林空间以绿化为主，各种乔木、灌木、花卉、草坪等高低错落，前后配置适宜，以烘托其中的主体设施，使游客对每个空间既可以动态观赏，又可以静态观赏，满足客人游览、赏景和休息等需要。

（三）植物配置体现人文历史

旅游建筑一方面为游客提供周到的休闲娱乐服务，另一方面为向游客宣传本国或者本地区的文化历史。建筑的植物造景就是要促进园林与历史文化的相互渗透，让人们在旅游的同时了解历史传统。绿地景观设计就是要在历史人文背景上做深层的探索，历史文化廊、历史人物雕塑都可合理安排，植物配置可用国树国花、市树市花、传统名花或者古树名木来宣传文化历史。对于一些特色型旅游建筑因主题不同，在选择植物上也可以有所偏重，比如以中国传统古典园林为手法的可以选择文化性较强的植物，如牡丹、梅花、菊花、荷花、蜡梅、玉兰等。而对于要打造热带风光的酒店就可以尽量选择棕榈科植物。

（四）植物配置内外兼修

室内植物能够耐受室内弱光照、低湿度、空气流通差等不良的环境，常年呈现绿色，在室内空间里营造出美丽的自然景观。旅游建筑一向重视室内的绿化，尤其是酒店，在大堂布置绿植，能够营造出舒适、高档、精致的氛围，提升酒店形象，完善其服务品质。中庭也是室内外绿化的结合点，大多数的旅游建筑在中庭室内植物造景绿化设计中借鉴了中国传统园林的设计手法。

四、科教文卫建筑

科教文卫建筑是有特殊功能的公共建筑，包括文化类公共建筑、卫生类公共建筑等。使用者都是目的明确的需求者。这里，我们把常见的文化类公共建筑和卫生类公共建筑的植物配置与造景做如下阐述。

（一）文化类公共建筑

是指用于文化活动的公共建筑，包括博物馆、公共图书馆、美术馆、剧场等具有文化活动服务，传播文化并提供文化消费的公共建筑。文化建筑的主要功能是满足人们精神文明的需要，在建筑绿地空间处理上更加突出它的文化功能，创造比较浓郁的艺术气氛和文化气息。植物配置与造景同样也是景观处理中常常被强调不容忽视的方面。

文化建筑植物配置的指导思想是用一些有文化内涵的植物体现一定的文化和艺术氛围。建筑周围植物配置可以在强调植物的造景功能和实用功能的同时，突出生态效益和环境效益。内部不同空间的绿化设计，则重在烘托文化建筑的外形特征和强调文化氛围。

（二）卫生类建筑

卫生类建筑是指医院、疗养院和相关的其他保健单位的建筑。这类公共建筑主要用于防病治病、疗养休闲等，为特定的人群提供服务，具有特殊性。在此，我们以医院为例，介绍这类建筑的植物配置与造景。

医院绿化建设的目的是卫生防护隔离、阻滞烟尘、减弱噪声，创造一种幽雅安静的绿化环境，以利于患者尽快恢复健康。医院的植物设计需注意以下方面。

1. 选择保健型植物种类

为了创造洁净、清新、安全的环境，医院不宜选有飞絮飞毛的树种，以免伤害有呼吸道疾病的患者，带刺、多汁、有毒的植物容易伤及儿童，也应予以避免。医院里宜种植利于病人康复和有净化空气功能的植物。如松科、柏科、槭树科、木兰科、忍冬科、樟科等植物，这些植物对结核杆菌等病菌有很好的抑制作用；白皮松、桧柏、油松、龙柏、银杏、圆柏、侧柏、碧桃的杀菌力较强。

2. 充分发挥绿地生态效益

对绿化用地很少的医院，应多用攀缘植物，如爬墙虎、牵牛花、凌霄花等，以增加绿化覆盖率；绿化基础好的医院，应在普及绿化的基础上重点提高，逐步更换一些寿命长、观赏价值高的树种，如罗汉松、香樟、桂花、茶花等。室外植物的配置可以多考虑复层结构，提高绿量，发挥更大的生态效益，但距建筑近的地方，植物要稀疏，以免影响建筑通风采光。

3. 植物配置要有明显的季节性

植物配置要有明显的季节性，使长期住院的患者能感受到自然界的变化，季节变换的节奏感宜强烈些，使之在精神、情绪上比较兴奋，从而提高药物疗效。常绿树与落叶树保持一定的比例，一般在 1∶1 左右，这样，冬季的景观才不至于太萧条而影响患者的心情。另外要多采用开花的小乔木和花灌木，利用植物的丰富层次感及绚丽色彩营造一个整体、和谐的医院空间。

4. 植物景观和各功能区协调

医院的功能区划分明显，功能性突出，植物配置应该先满足这些功能，再做美观上的处理。

主入口区的植物景观应简洁明快，大方自然，一般采用规则式布局。例如在医院大门两侧的墙内外应栽植树形整齐的龙柏、雪松和棕榈等树种，并点缀花灌木，使医院大门整齐美观。

门诊部是患者就诊的场所，人流量大且高峰期集中，需要有较大面积的缓冲场地，场地及周围应做适当的绿地布置，可布置花坛、花台，花木的色彩对比不宜过于强烈，应以素雅为宜。场地内疏植一些落叶大乔木，其下设置坐凳以便患者休息和夏季遮阳。

住院区要求创造安静的环境氛围，同时这也是医院景观的一个视觉中心，绿地面积相对较大，应该充分利用地形，把植物和其他园林元素有机结合，形成具有较高观赏价值的休息绿地。

传染病区住着患传染疾病的人，往往会有抑郁、恐惧、焦躁等心理表现，发病时还会有独特的病理心理。考虑到传染病区的特殊性，最好将其定位为封闭式的小型花园，既为患者提供方便的休息场所，又能够保证其安全性。在植物造景上，巧妙运用借景、框景、障景等造园手法，起到增大空间、加大景深的作用。植物色彩宜采用稳定情绪的绿色、粉色、淡蓝色，有助于病患心情稳定。

医院围墙处采用整形绿篱或乔木列植的方式，形成一个垂直型的隔离带。在围墙的镂空架上攀爬的爬山虎亦可起到良好的隔音、隔离污染的效果，在围墙处栽植抗污染力强的植物，还能够有效地对粉尘或汽车尾气进行净化或隔离。

五、交通运输类建筑

交通运输类建筑以交通服务功能为主，通常包含了火车站、地铁站、机场、汽车站等城市交通枢纽。交通建筑爆发性人流逐步增多，建筑内外都需有一定面积的广场以供人流聚集和疏散，并同时为人群的等候、休息、交谈等需求创造舒适的场地。因此，绿化设计要求在满足人流、车流、物流的同时，也为广大的市民和旅客提供能够亲近自然、陶冶情操、愉悦身心的场所。植物配置造景往往要求对交通广场和建筑内部的绿化空间进行精心的设计。

（一）广场的植物配置与造景

植物配置应注意与建筑形象一致，并与城市道路绿化连为一体。最好有较强的方向引导性，为来来往往的旅客指示方向。如售票厅和进站口相邻，则用绿篱或乔木列植，划分空间。平面处理上采用流畅的曲线构图形式种植色块，显得大方、简洁。立面上，应该栽植能形成绿荫的乔木，结合广场上的公共设施，为人们提供舒适宜人的休息场所。

（二）出入口的植物配置与造景

车站出入口是人们对于车站或城市最直观的印象，植物配置方案应符合空间的整体表现要求，结合出入口建筑，形成开敞或半开敞的空间。同时，还可以考虑把城市文化也纳入其中。

（三）室内植物配置与造景

在交通建筑内部空间设计中往往将水、植物、雕塑等引入室内来改善室内空间的生态环境、增加空间活力、提高空间的文化品位和气质。需要注意的是，景观设计要有明确的指示性，植物种植能够保证交通流线上的顺畅，确保视线高度不被阻挡。由于人们在这里只是作短时间的休息，因此植物的设计应该简洁利落，宜选用形态规则的植物，如棕榈科的植物，再配合休息座椅设置花坛等，营造轻松和明快的氛围，使等候乘客放松焦虑的情绪。在某些角落，可以选用盆栽的形式来实现绿化效果，方便管理和维护，并为大尺度室内空间营造生态清新的内部环境提供条件。

参考文献

[1] 门志义，李同欣．园林植物与造景设计探析［M］．北京：中国商务出版社，2023.05.

[2] 黄晖，刘学军，粟志坤，李晓妍．园林景观施工图设计［M］．重庆：重庆大学出版社，2023.04.

[3] 王铖，贺坤．园林植物识别与应用［M］．上海：上海科学技术出版社，2022.08.

[4] 吕勐．园林景观与园林植物设计［M］．长春：吉林科学技术出版社，2022.04.

[5] 江明艳，陈其兵．风景园林植物造景第2版［M］．重庆：重庆大学出版社，2022.01.

[6] 任全进，曹斌，金海，许文雅．新特优园林观赏植物的应用［M］．南京：东南大学出版社，2022.10.

[7] 张淼，刘世兰，肖庆涛．园林绿化工程与养护研究［M］．长春：吉林科学技术出版社，2022.11.

[8] 张凤，朱新华，窦晓蕴．园林植物［M］．北京：北京理工大学出版社，2021.09.

[9] 谭炯锐，段丽君，张若晨．园林植物应用及观赏研究［M］．中国原子能出版传媒有限公司，2021.08.

[10] 戴欢．园林景观植物［M］．武汉：华中科技大学出版社，2021.06.

[11] 魏东晨．廊坊园林绿化植物常见病虫害［M］．石家庄：河北科学技术出版社，2021.03.

[12] 刘洪景．园林绿化养护管理学［M］．武汉：华中科技大学出版社，2021.05.

[13] 宋新红，潘天阳，崔素娟．园林景观施工与养护管理［M］．汕头：汕头大

学出版社，2021.01.

[14] 张文婷，王子邦．园林植物景观设计［M］．西安：西安交通大学出版社，2020.08.

[15] 尹金华．园林植物造景［M］．北京：中国轻工业出版社，2020.12.

[16] 周丽娜．园林植物色彩配置［M］．天津：天津大学出版社，2020.07.

[17] 杨琬莹．园林植物景观设计新探［M］．北京：北京工业大学出版社，2020.07.

[18] 谢云，胡华．园林植物景观规划设计［M］．武汉：华中科技大学出版社，2020.08.

[19] 圣倩倩，祝遵凌．园林植物生态功能研究与应用［M］．南京：东南大学出版社，2020.04.

[20] 徐一斐．园林植物识别与造景基础攻略［M］．长春：吉林美术出版社，2020.06.

[21] 刘海桑．景观植物识别与应用［M］．北京：机械工业出版社，2020.04.

[22] 袁惠燕，王波，刘婷．园林植物栽培养护［M］．苏州：苏州大学出版社，2019.11.

[23] 贾东坡，齐伟．园林植物第5版［M］．重庆：重庆大学出版社，2019.07.

[24] 顾建中，梁继华，田学辉．园林植物识别与应用［M］．长沙：湖南科学技术出版社，2019.08.

[25] 杜迎刚．园林植物栽培与养护［M］．北京：北京工业大学出版社，2019.11.

[26] 谢风，黄宝华．园林植物配置与造景［M］．天津：天津科学技术出版社，2019.04.

[27] 雷一东．园林植物应用与管理技术［M］．北京：金盾出版社，2019.01.

[28] 李璐．现代植物景观设计与应用实践［M］．长春：吉林人民出版社，2019.10.

[29] 段然．基于植物生物节律的园林植物照明［M］．重庆：重庆大学出版社，2019.03.

[30] 谢佐桂，徐艳，谭一凡．园林绿化灌木应用技术指引［M］．广州：广东科技出版社，2019.06.

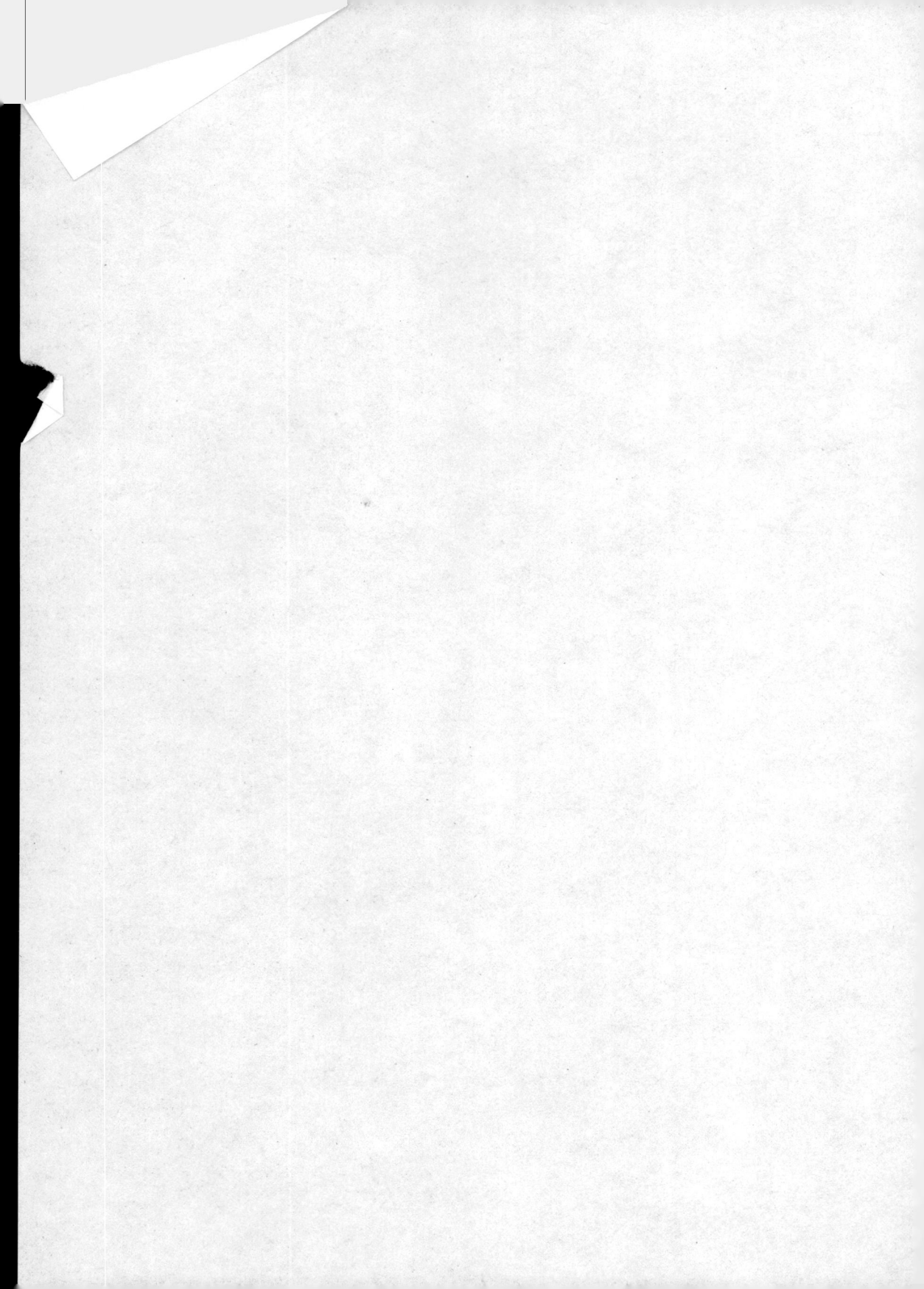